素质教育必备　校本读物首选

中小学生环保实用知识手册

主编　马利虎

学习环保知识　增强环保意识
创建绿色学校　共享和谐家园

东南大学出版社
·南京·

图书在版编目(CIP)数据

中小学生环保实用知识手册/马利虎主编. 一南京：
东南大学出版社,2010.12(2013.8重印)

(中小学生安全·礼仪·法制·环保·卫生防疫知识)

ISBN 978-7-5641-2557-8

Ⅰ.①中… Ⅱ.①马… Ⅲ.①环境保护–青少年读物
Ⅳ.①X-49

中国版本图书馆CIP数据核字(2010)第248589号

中小学生安全·礼仪·法制·环保·卫生防疫知识丛书

出版发行：东南大学出版社

社　　址：南京市四牌楼2号　邮编：210096

出 版 人：江建中

网　　址：http://www.seupress.com

主　　编：马利虎

经　　销：全国各地新华书店

印　　刷：淮安市亨达印业有限公司

开　　本：850mm×1168mm　1/32

印　　张：15

字　　数：360千

版　　次：2010年12月第1版

印　　次：2013年8月第2次印刷

书　　号：ISBN978-7-5641-2557-8

印　　数：40001~120000

定　　价：65.00元(共5册)

编者寄语

用手托起一片绿茵
　　用心谱写人文风景
为了让校园
　　充满绿的气息
为了让城市
　　充满绿的味道
为了让国家
　　充满绿的氛围……
我们编写了这本
　　《中小学生环保实用知识手册》
她正视环境
　　普及我们环保知识
她珍爱生命
　　唤醒我们环保意识
她树立
　　环境价值观和环境道德观
她培养
　　社会责任感和社会公德心
她倡导
　　绿色生活、文明消费的理念

她颂扬
　　自觉参与、从我做起的思想
她让我们
　　情牵绿色
　　　让青春与绿色一起飞扬
她让我们
　　梦萦和谐
　　　让生命与绿色紧紧相拥
她要我们
　　开拓进取，坚持科学发展
她要我们
　　放眼未来，共创社会和谐
她说
　　如果这样
　　　天会更蓝
　　　地会更美
　　　生命会更
　　　　多彩 ……

戊子年6月16日于南京

保护环境　刻不容缓

□马利虎

净水唯眼泪
　　绿洲成残忆
当茂密的森林变成秃地
　　欢唱的鸟儿失去踪影
当清净的河流染成灰黑
　　快乐的鱼儿濒临灭绝
当清新的空气凝为烟尘
　　幸福的人儿也将窒息
……
你怨谁
　　制造如此悲剧
能怨上帝
　　用武断和无情之手
　　惩罚儿女的贪婪和无知
人类
　　是灾难的受害者
　　　亦是灾难的制造者

为了保护
　　孕育人类的母亲
为了寻回
　　蓝天欢歌
　　　绿野荡洋的浪漫
为了追求
　　清风、绿水
　　　安宁祥和的永恒
我们一起行动吧
　　保护地球
　　　刻不容缓
　　增创绿色
　　　地球骄子义不容辞

己丑年2月于陕北延安

目　录

受到强的太阳紫外线SUV辐射可引起白内障

受到强的紫外线UV-B辐射可诱发皮肤癌

受到强的紫外线UV-B辐射,会降低人体的抵抗力,损害人体免疫系统,易发生多种疾病

第一篇 环境与环境问题

一、关于环境

1.**"环境"的定义**　环境指围绕着人的全部空间以及其中一切可以影响人的生活与发展的各种天然与人工改造过的自然要素的总称。

2.**环境的分类**　可将环境分为社会环境和自然环境两大类。

3.**环境容量**　指在不影响环境的正常功能或用途的情况下,承受污染物的最大允许量或能力。或者说是指在维持生态平衡和不超过人体健康阈值的情况下环境所能承受的污染物的总量。

4.**环境自净**　在正常情况下,环境的各个生态系统,能够通过自身物理的、物理化学的、化学的和生物的一系列反应与变化,

不断地调节污染物的数量和质量,从而保持生态系统的动态平衡,使被各种因素污染了的环境得到自然净化。环境的这种自我调节过程称作环境自净。

5.**生态系统及其组成**　生态系统是由生物群落与其生存环境间不断地进行着物质循环和能量传递、转

1

中小学生环保实用知识手册

换过程所形成的统一整体。生态系统由生产者、消费者、分解者、非生命物质和能量四大部分组成。

6.生物多样性　生物多样性是指地球上生物圈中所有的生物,即动物、植物、微生物以及它们所拥有的基因和赖以生存的环境的多样性。它包含三个层次,即遗传(基因)多样性、物种多样性和生态系统多样性。

7.遗传(基因)多样性、物种多样性和生态系统多样性

(1)遗传(基因)多样性:是指生物体内决定性状的遗传因子及其组合的多样性。

(2)物种多样性:是遗传多样性在物种上的表现

形式,可分为区域物种多样性和群落物种(生态)多样性。

(3)生态系统多样性:是指生物圈内生境、生物群落和生态过程的多样性。遗传(基因)多样性和物种多样性

是生物多样性研究的基础,生态系统多样性是生物多样性研究的重点。

8.生物多样性的价值　人类的衣、食、住、行及物质文化生活的许多方面都与生物多样性密切相关。生物多样性不仅可以为工业提供原料,如橡胶、油脂、芳香油、纤维等,还可以为人类提供各种食物,如粮食、水果、蔬菜、禽、肉、蛋等。

中小学生环保实用知识手册

2

生物多样性提供的耐寒、抗旱、抗病等特殊基因,使人类培育优良的动植物品种成为可能,如山东农业大学选育的"山农11号"高产优质小麦品种、中国农业科学院选育的"中抗47F1"抗病虫害棉花品种等。许多野生动植物还是珍贵的药材,为人类治疗疑难病症提供了可能,中国有记载的药用植物就有5000多种,其中1700种为常用药物。

9.保护生物多样性　生物多样性的减少,不仅会使人类丧失宝贵的生物资源,丧失生物在食物、医药等方面直接和潜在的利用价值,而且会造成生态系统的退化和瓦解,直接或间接威胁人类生存的基础。保护生物多样性,是全球共同的大事。各国必须广泛合作,积极行动,制定必要的法规,对生物多样性造成重大损失的活动进行打击和控制,对濒临灭绝的物种、破坏严重的生态系统和遗传资源实行有效的保护和抢救。

10.生态平衡　自然界中的每一个生态系统,总是不断地进行着物质循环和能量交换,在一定的时间和条件下,物质和能量的输出与输入处于暂时的、相对的稳定状态,就叫做生态平衡。

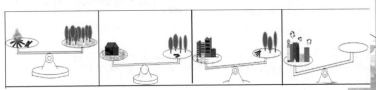

3

11.维护生态平衡　生态平衡是大自然经过很长时间才建立起来的动态平衡,一旦遭到破坏,将引发连锁反应,最终给人类生存环境带来严重的后果。因此人类要尊重自然规律,合理开发利用自然资源,帮助维护生态平衡。而维护生态平衡不只是保持其最初的稳定状态,生态系统可以在人为有益的影响下合理调整或建立新的平衡(如把沙漠改造成绿洲),使生态系统的结构更合理,功能更完善。

二、环境问题

1.环境问题　指由于人类活动作用于我们周围的环境所引起的"公害"问题,是一个世界性的社会问题。

2.环境问题经历阶段　原始捕猎阶段、农牧业阶段、工业革命阶段、工业发展阶段、现代工业阶段。

3.全球面临十大环境问题

(1)臭氧层破坏;

(2)气候变暖;

(3)酸雨蔓延;

(4)生物多样性减少;

(5)大气污染;

(6)森林锐减

(7)土地荒漠化;

(8)水体污染;

(9)海洋污染;

(10)固体废物污染。

4.中国面临的环境问题

(1)大气污染日益加重;

(2)水域污染问题突出;

(3)垃圾围城现象普遍;

(4)噪声污染普遍超标;

(5)水土流失难以遏止; (6)沙漠化不断扩展;

(7)生物多样性减少; (8)水源短缺;

（9）耕地资源减少； （10）森林资源供不应求。

三、环境问题的实质

从环境问题的发展历程可以看出,人为的环境问题是随人类的诞生而产生,并伴随着人类社会的发展而发展。造成环境问题的根本原因是人类对环境价值的认识不足,缺乏妥善的经济发展规划。环境是人类生存发展的物质基础和制约因素,人口的增长要求工农业迅速发展,从环境中取得食物、资源、能量的数量必然要增大,其中一部分供人类直接消费,有的经人体代谢变成废物排入环境,有的经使用后降低了质量。然而,环境的承载能力和环境容量是有限的,如果人口的增长、生产的发展,不考虑环境条件的制约作用,超出了环境允许的极限,就会导致环境污染与破坏,造成资源的枯竭和对人类健康的损害。因此,可以认为,环境问题的实质在于人类经济活动索取资源的速度超过了资源本身及其替代品的再生速度,以及向环境排放废弃物的数量超过了环境的自净能力。

四、中国自然资源在世界上的排序

名　　称	总量排序	144个国家中中国人均占有量排序
土地面积	3	10
耕地面积	4	126
森林面积	8	107
草地面积	2	76
淡水面积	6	55
矿　产	3	80

第二篇 环境污染

中小学生环保实用知识手册

一、关于环境污染

1."环境污染"的定义

介入环境中的污染物,超过了环境容量,使环境丧失了自净能力,污染物在环境中积聚,生态平衡遭到破坏,导致环境特征的改变或对原有用途产生一定的不良影响,从而直接地或间接地对人体健康或生产、生活活动产生一定危害或影响的现象,就叫环境污染。

2.环境污染的分类

(1)按环境要素分为:大气污染、水体污染、土壤污染。

(2)按污染物的性质分为:物理污染、化学污染、生物污染。

A.物理污染有:噪声的污染、电磁波的污染、光的污染。

B.化学污染包括:燃料的污染、烹调油烟的污染、吸烟烟雾的污染、建筑材料的污染、装饰材料的污染、家用化学品的污染、室外污染对室内空气质量的影响、其他污染物的影响、臭氧的污染。

C.生物污染有:尘螨的污染、宠物的污染。

(3)按污染物的形态分为:废气污染、废水污染、固体废弃物污染以及噪声污染、辐射污染等。

(4)按人类活动分：工业环境污染、城市环境污染、农业环境污染、海洋污染。

3.二次污染 介入环境中的反应污染物，在诸因素的作用与影响下，发生理化或生化等反应，生成比原来毒性更强的新污染物质，所生成的污染物质就叫二次污染物，其所造成的环境污染就称为二次污染。

4.次生污染 介入环境中的污染物未改变毒性，而从一个环境要素或场所，转入另一个环境要素或场所，其所造成的环境污染就称为次生污染。

5.污染源 凡是产生物理的(声、光、热、振动、辐射、噪声等)、化学的(有机物、无机物)、生物的(霉菌、病菌、寄生虫及卵等)有毒有害物质或因素的设备装置、场所等，都称作污染源。

二、常见的环境污染及其来源

污水、废气、垃圾、噪声、光污染等，为城市常见污染。

1.污　水 生活废水、工业废水、油污及有毒物质和垃圾。

2.空　气 工业尾气、汽车尾气、家庭厨房油烟、杀虫剂、新塑料制品、冰箱的氟利昂和各种垃圾、水道的气体。

3.噪　声 家庭噪声、交通噪声、施工噪声、社会噪声(叫卖声、鞭炮声、商店音响等)。

4.光 可见光、激光、红外光、紫外光等。

5.食　品 添加剂、人造色素及农药等。

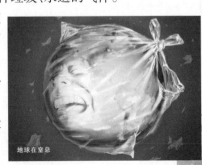

地球在窒息

三、20世纪世界环境污染八大公害事件

公害名称	主要污染物	中毒情况	发生时间及地点	致害原因
马斯河谷事件	烟尘及二氧化硫	几千人中毒,60人死亡	1930年发生在比利时马斯河谷	二氧化硫进入肺部
洛杉矶光化学烟雾事件	光化学烟雾	大多数居民患病,65岁以上老人死亡400人	1943年5~10月发生在美国洛杉矶市	石油工业排出的废气和汽车尾气在强太阳光作用下产生的光化学烟雾
多诺拉烟雾事件	烟雾及二氧化硫	四天内43%的居民患病,20余人死亡	1948年10月发生在美国多诺拉镇	二氧化硫、三氧化硫等硫化物附着在烟尘上,被人吸入肺部
伦敦烟雾事件	烟尘及二氧化硫	四天内死亡4 000人	1952年12月发生在英国伦敦	硫化物和烟尘生成气溶胶被人吸入肺部
水俣病事件	甲基汞	截至1972年有近200人患病,50余人死亡,20多个婴儿生出来神经受损	1953~1961年发生在日本九州南部熊本县水俣镇	工厂含甲基汞的废水排入水俣湾使海鱼体内含甲基汞,当地居民食鱼而中毒
四日事件	二氧化硫、煤尘等	500多人患哮喘病,有30余人死亡	1955年发生在日本四日市	烟尘及二氧化硫被人吸入肺部
米糠油事件	多氯联苯	受害者达万人以上,死亡近20人	1968年发生在日本九州爱知县等23个县府	食用含多氯联苯的米糠油
富山事件(骨痛病)	镉	截至1968年有300人患病,有100多人死亡	1931~1975年发生在日本富士县神通川流域	食用含镉的米和水

四、世界十大环境污染事件

1.北美死湖事件:加拿大、美国东北部和东南部是西半球工业最发达的地区,每年向大气中排放二氧化硫2 500多万吨。20世纪70年代开始,这些地区出现了大面积酸雨区。美国受酸雨影响的水域达3.6万平方千米,23个州的17 059个湖泊有9 400个酸化变质。最强的酸性雨降在弗吉尼亚州,酸度值(pH)1.4。纽约州阿迪龙达克山区,1930年只有4%的湖无鱼,1975年近50%的湖泊无鱼,其中200个是死湖,听不见蛙声,死一般

寂静。加拿大受酸雨影响的水域5.2万平方千米,5 000多个湖泊明显酸化。多伦多1979年平均降水酸度值(pH)3.5,比番茄汁还要酸,安大略省萨德伯里周围1 500多个湖泊池塘漂浮死鱼,湖滨树木枯萎。

2.卡迪兹号油轮事件:1978年3月16日,美国22万吨的超级油轮"亚莫克·卡迪兹号"满载伊朗原油向荷兰鹿特丹驶去,航行至法国布列塔尼海岸触礁沉没,漏出原油22.4万吨,污染了350千米长的海岸带。仅牡蛎就死掉9 000多吨,海鸟死亡2万多吨。海事本身损失1亿多美元,污染的损失及治理费用却达5亿多美元,而给被污染区域的海洋生态环境造成的损失更是难以估量。

3.墨西哥湾井喷事件:1979年6月3日,墨西哥石油公司在墨

9

西哥湾南坎佩切湾尤卡坦半岛附近海域的伊斯托克1号平台钻机打入水下3 625米深的海底油层时,突然发生严重井喷,平台陷入熊熊火海之中,原油以每天4 080吨的流量向海面喷射。后来在伊斯

托克井800米以外海域抢打两眼引油副井,分别于9月中、10月初钻成,减轻了主井压力,喷势才稍减。直到1980年3月24日井喷才完全停止,历时296天,其流失原油45.36万吨,以世界海上最大井喷事故载入史册,这次井喷造成10毫米厚的原油顺潮北流,涌向墨西哥和美国海岸。黑油带长480千米,宽40千米,覆盖1.9万平方千米的海面,使这一带的海洋环境受到严重污染。

4. **库巴唐"死亡之谷"事件**:20世纪80年代,巴西圣保罗以南60千米的库巴唐市以"死亡之谷"知名于世。该市位于山谷之中,60年代引进炼油、石化、炼铁等外资企业300多家,人口剧增至15万,成为圣保罗的工业卫星城。

企业主只顾赚钱,随意排放废气废水,谷地浓烟弥漫、臭水横流,有20%的人得了呼吸道过敏症,医院挤满了接受吸氧治疗的儿童和老人,使2万多贫民窟居民严重受害。1984年2月25日,一条输油管破裂,10万加仑(1加仑≈3.79升)油熊熊燃烧,烧死百余人,烧伤400多人。1985年1月26日,一家化肥厂泄漏50

中小学生环保

实用知识手册

吨氨气,30人中毒,8 000人撤离。市郊60平方千米森林陆续枯死,山岭光秃,遇雨便滑坡,大片贫民窟被摧毁。

　　5.西德森林枯死病事件:到1983年为止,原西德740万公顷的森林有34%染上枯死病,每年枯死的蓄积量占同年森林生长量的21%之多,先后有80多万公顷森林被毁。这种枯死病来自酸雨之害。在巴伐利亚国家公园,由于酸雨的影响,几乎每棵树都得了病,景色全非。黑森州海拔500米以上的枞树相继枯死,全州

57%的松树病入膏肓。巴登–符腾堡州的"黑森林",是因枞、松树绿的发黑而得名,是欧洲著名的度假圣地,也有一半树染上枯死病,树叶黄褐脱落,其中3万多公顷完全死亡。汉堡也有3/4的树木面临死亡。当时鲁尔工业区的森林里,到处可见秃树、死鸟、死蜂,该区儿童每年有数万人感染特殊的喉炎症。

　　6.印度博帕尔公害事件:1984年12月3日凌晨,震惊世界的印度博帕尔公害事件发生。午夜,坐落在博帕尔市郊的联合碳化杀虫剂厂一座存贮45吨异氰酸甲酯贮槽的保安阀出现毒气泄漏事故。1小时后有毒烟雾袭向这个城市,形成了一个方圆40平方千米的毒雾笼罩区。首先是近邻的两个小镇上,有数百人在

睡梦中死亡。随后,火车站里的一些乞丐死亡。毒雾扩散时,居民们有的以为是瘟疫降临,有的以为是原子弹爆炸,有的以为是地震发生,有的以为是"世界末日"的来临。一周后,有2 500人

中小学生环保实用知识手册

死于这场污染事故,另有1 000多人危在旦夕,3 000多人病入膏肓。在这一污染事故中,有15万人因受污染危害而进入医院就诊,事故发生4天后,受害的病人还以每分钟一人的速度增加。这次事故还使20多万人双目失明。博帕尔的这次公害事件是有史以来最严重的因事故性污染而造成的惨案。

7.切尔诺贝利核泄漏事件:1986年4月27日早晨,苏联乌克兰切尔诺贝利核电站一组反应堆突然发生核泄漏事故,引起一系列严重后果。带有放射性物质的云团随风飘到丹麦、挪威、瑞典和芬兰等国,瑞典东部沿海地区的辐射剂量超过正常情况时的100倍。核事故使乌克兰地区10%的小麦受到影响,此外,由于水源

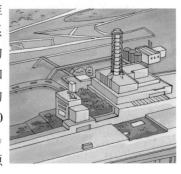

污染,使苏联和欧洲国家的畜牧业大受其害。当时预测,这场核灾难,还可能导致日后十年中10万居民患肺癌和骨癌而死亡。

8.莱茵河污染事件:1986年11月1日深夜,瑞士巴富尔市桑多斯化学公司仓库起火,装有1 250吨剧毒农药的钢罐爆炸,硫、磷、汞等毒物随着百余吨灭火剂进入下水道,排入莱茵河。警报传向下游的瑞士、德国、法国、荷兰四国835千米沿岸城市。剧毒物质构成70千米长的微红色飘带,以每小时4千米速度向下游流

去,流经地区鱼类死亡,沿河自来水厂全部关闭,改用汽车向居民送水。接近海口的荷兰,全国与莱茵河相通的河闸全部关闭。翌日,化工厂有毒物质继续流入莱茵河,后来用塑料塞堵下水道。8天后,塞子在水的压力下脱落,几十吨含有汞的物质流入莱茵河,造成又一次污染。11月21日,德国巴登市的苯胺和苏打化学公司冷

却系统故障,又使2吨农药流入莱茵河,使河水含毒量超标准200倍。这次污染使莱茵河的生态受到了严重破坏。

9.雅典紧急状态事件:1989年11月2日上午9时,希腊首都雅典市中心大气质量监测站显示,空气中二氧化碳浓度318毫克/立方米,超过国家标准(200毫克/立方米)59%,发出了红色危险信号。11时浓度升至604毫克/立方米,超过500毫克/立方米紧急危险线。中央政府当即宣布雅典进入"紧急状态",禁止所有私人汽车在市中心行驶,限制出租汽车和摩托车行驶,并令熄灭所有燃料锅炉,主要工厂削减燃料消耗量50%,学校一律停课。中午,二氧化碳浓度增至631毫克/立方米,超过历史最高记录。一氧化碳浓度也突破危险线。许多市民出现头疼、乏力、呕吐、呼吸困难等中毒症状。市区到处响起救护车的呼啸声。下午16时30分,戴着防毒面具的自行车队在大街上示威游行,高喊:"要污染,还是要我们!""请为排气管安上过滤嘴!"

10.海湾战争石油污染事件:1990年8月2日至1991年2月28日海湾战争期间,先后泄入海湾的石油据估计达150万吨。1991年多国部队对伊拉克空袭后,科威特油田到处起火。1月22日科威特南部的瓦夫腊油田被炸,浓烟蔽日,原油顺海岸流入波斯湾。随后,伊拉克占领的科威特米纳艾哈麦迪开闸放油入海。科威特南部的输油管也到处破裂,原油滔滔入海。1月25日,科威特接近沙特的海面上形成长16千米、宽3千米的油带,每天以24千米的速度向南扩展,部分油膜起火燃烧黑烟遮没阳光,伊朗南部降下黏糊糊的"黑雨"。

至2月2日,油膜展宽16千米,长90千米,逼近巴林,危及沙特,迫使两国架设浮栏,保护海水淡化厂水源。这次海湾战争酿成的油污染事件,在短时间内就使数万只海鸟丧命,并毁灭了波斯湾一带大部分海洋生物。

中小学生环保

实用知识手册

第三篇　生态破坏

一、"生态破坏"的概念

生态破坏是指人类活动直接作用于自然生态系统,造成生态系统的生产能力显著减少和结构显著改变,从而引起的环境问题。如过度放牧引起草原退化,滥采滥捕使珍稀物种灭绝和生态系统生产力下降,植被破坏引起水土流失等。

二、我国生态破坏的状况

目前我国生态环境形势十分严峻,总体上生态恶化加剧的趋势还未得到有效的遏制,破坏的范围在加大,程度在加剧,危害在加深,并呈现出区域性破坏、结构性解体和功能性紊乱的发展态势。同时,许多地区还存在着生态环境边治理、边破坏的现象,点上的治理赶不上面上的破坏,治理的力量与破坏的力量不成比例。

1.物种灭绝、生物资源锐减,地球难以支撑人类

我国是世界上生物多样性最丰富的国家之一,但由于大面积森林采伐、火烧和垦殖农作物,草地过度放牧、垦殖,生物资源的过分利用,工业化、城市化的发展,外来物种的引进或侵入及无控制的旅游的影响,特别是乱捕滥猎、乱挖滥采现象屡禁不止,使生态系统的物种成分受到严重的破坏,致使某些物种从地球上消失。

2.土地退化

水土流失、风沙侵蚀、土地荒漠化、土地碱化等现象均会造成土壤破坏,或有效物质被带走,从而使土地退化、土地生产能力降低。目前,全国土地流失面积达367万平方千米,约占国土面积的38%,平均每年新增水土流失面积1万平方千米;荒漠化土地面积已达262万平方千米,并且每年还以2 460平方千米的速度扩展;扬尘、浮尘和沙尘暴频繁发生;草地退化、沙化和碱化的面积占草地总面积的1/3,并且每年还在以200万公顷的速度增加。

3.植被破坏

森林是生态系统的重要支柱。一个良性生态系统要求森林覆盖率不应低于30%,而中国的森林覆盖率仅为13.9%。尽管新中国成立后开展了大规模植树造林活动,但森林破坏仍很严重,特别是用材林中可供采伐的成熟林和过熟林蓄积量已大幅度减少。同时,大量林地被侵占,1984~1991年全国年均减少森林面积55.8万公顷,且呈逐年上升趋势,在很大程度上抵消了植树造林的成效。草原面临严重退化,沙化、碱化,加

中小学生环保 实用知识手册

剧了草地水土流失和风沙危害。

4.水平衡系统严重失衡,水环境安全下降

旱涝灾害频发,河流断流现象加剧;不少湖泊萎缩;天然绿洲消失;现有水库蓄水量减少;湿地破坏严重;一些地区由于严重超采地下水,造成地下水位下降,形成大面积漏斗区。

三、生态破坏的原因

生态破坏一般指人为原因引起的生态退化,主要包括过度采伐、乱捕滥猎、刀耕火种、乱砍滥伐、过度放牧、不合理引进物种、过度开垦、战争等。

1.乱捕滥猎,过度采挖珍稀动植物

2.乱砍滥伐,过度放牧

3.毁林、毁草造田,过度垦荒,围湖造田

4.不合理地引进物种

四、生态破坏的危害

生态环境的恶化加剧了各种自然灾害的发生,造成了巨大的经济损失,严重制约一些地区经济和社会的可持续发展。水污染和水枯竭使21世纪面临严重的水荒;物种灭绝将使大自然为人类提供的食物链受到严重损害;森林、草原的毁坏引起水土流失、土地沙漠化,从而引发了一幕幕惨重的灾难;土地的丧失使人类的粮食难以得到保证……这一切不但损害了人类的利益,甚至还威胁到地球生命的延续。

第四篇　环境保护

一、关于环境保护

1. 环保的定义　就是利用现代环境科学的理论和方法,在利用自然资源的同时,深入地认识和掌握环境污染和破坏的根源与危害,有计划地保护环境,预防环境质量的恶化,控制环境污染,促进人类与环境协调发展,不断地提高人类的环境质量和生活环境,造福人民,贻惠于子孙后代。

2. 环保的目的　一是合理利用自然资源,保护自然资源;二是保障人类健康,防止生态破坏。

3. 环保的任务　是保证在社会主义现代化建设中,合理地利用自然资源,防止环境污染和生态破坏,为人民创造适宜的生活和劳动环境,保护人民健康,促进经济发展。

4. 环保的方针　全面规划,合理布局,综合利用,化害为利,依靠群众,大家动手,保

中小学生环保实用知识手册

17

护环境,造福人类。

5.环保的方法和手段 工程技术、行政管理、法律、经济,宣传教育等方面。

6.环境教育的目标 一是提高中小学生对环境保护的认识水平,使之明白为什么要保护环境;二是要树立"保护环境光荣,破坏环境可耻"的新环境道德观;三是了解、掌握保护环境的技能,提高中小学生将环境科学知识转化为实际行动的能力,使之懂得如何保护环境和消除环境恶化对人的危害。

7.环保的主要内容

(1)**防治由生产和生活活动引起的环境污染。**包括防治工业生产排放的"三废"(废水、废气、废渣)、粉尘、放射性物质以及产生的噪声、振动、恶臭和电磁微波辐射,交通运输活动产生的有害气体、废液、噪声,海上船舶运输排出的污染物,工农业生产和人民生活使用的有毒有害化学品,城镇生活排放的烟尘、污水和垃圾等造成的污染。

(2)**防止由建设和开发活动引起的环境破坏。**包括防止由大型水利工程、铁路、公路干线、大型港口码头、机场和大型工业项目等工程建设对环境造成的污染和破坏,农垦和围湖造田活动、海上油田、海岸带和沼泽地的开发、森林和矿产资源的开发对环境的破坏和影响,新工业区、新城镇的设置和建设等对环境的破坏、污染和影响。

(3)**保护有特殊价值的自然环境。**包括对珍稀物种及其生活环境、特殊的自然发展史遗迹、地质现象、地貌景观等提供有效的保护。另外,城乡规划,控制水土流失和沙漠化、植树造林、控制

中小学生环保实用知识手册

人口的增长和分布、合理配置生产力等，也都属于环境保护的内容。环境保护已成为当今世界各国政府和人民的共同行动和主要任务之一。我国则把环境保护宣布为我国的一项基本国策，并制定和颁布了一系列环境保护的法律、法规，以保证这一基本国策的贯彻执行。

二、环境保护知识

1.什么是生态系统？生态系统有哪四大组成部分

生态系统是由生物群落与其生存环境间不断地进行着物质循环和能量流转过程所形成的统一整体。生态系统由生产者、消费者、分解者、非生命物质和能量四大部分组成。

2.什么是生态平衡

自然界中每一个生态系统，总是不断地进行着物质循环和能量交换，在一定的时间和条件下，物质和能量的输出与输入处于暂时的、相对的稳定状态，就叫做生态平衡。

3.导致生态平衡破坏的三种主要原因

种类成分的改变、环境因素的改变和信息系统的破坏是导致生态平衡破坏的三种主要原因。

4.中国环境标志图形是什么

中国环境标志图形的中心是山、水和太阳，表示人类的生存环境。外围的10个环表示公众共同参与保护环境。

5.什么是环境标志产品

环境标志产品是指无污染或低污

染、低耗能、低噪声、生产符合环保要求的产品。

6.地球缺水吗

全球有80%疾病与缺乏干净的饮用水和起码的卫生条件有关,未来的水将像油一样宝贵。

7.什么是食物链

在生态系统中,多种生物之间以食物关系连接起来的链锁关系,叫食物链。

8.什么是温室效应

空气中的二氧化碳和水蒸气可以吸收地面散失的热量,但一部分热能重新传回大地,对地面起了保温作用,这种类似暖房温室的效应叫温室效应。

9.什么是白色污染

泡沫餐具、塑料袋等因其难降解分化,且燃烧时产生毒气,填埋时会破坏土壤结构,故称为白色污染。

10.什么是酸雨

人为排放的二氧化硫或氮氧化物和汽车尾气中的氮氧化物遇到水蒸气会形成含高腐蚀性的酸性沉降物,称为酸雨。

11.什么叫水的富营养化

由于植物、特别是藻类大量繁殖而使水体溶解氧量下降、水质恶化的一种现象,叫富营养化。

12.什么是臭氧层?臭氧层有什么作用?它是什么因素引起减少的

臭氧是大气中的微量气体之一,其主要浓集在平流层中20~25千米的高空,即大气的臭氧层。臭氧层可以吸收太阳辐射的绝大部分紫外线,保护地球生物免受其害。人类活动导致臭氧层的减少,主要是冷冻剂、喷雾剂、除臭剂等会破坏大气中臭氧的浓度。

13.什么是环境保护法?为什么要制定

环境保护法是调整环境保护中各种社会关系的法律规范的总称。其主要是为保护和改善生活环境与生态环境,防治污染和其它公害,保障人体健康,促进社会主义现代化建设的发展。

14.中华人民共和国环境保护法有几章几条

共有6章,47条。

15.什么叫放射性和放射性污染

放射性元素的原子核在衰变过程中放出 α、β、γ 等射线的现象,叫放射性。其射线可杀死生物体内的有机体,引起癌变、白血病、骨髓病等。

16.什么叫重金属和重金属污染

密度在5以上的金属称重金属。环境污染指的重金属主要是汞、镉、铅、铬及砷等毒性显著的重金属,也指有一定毒性的锌、铜、钴、镍、锡等。由其所造成的污染叫重金属污染。

17.汽车尾气主要含有什么气体,为什么对人类有害

汽车尾气主要含有一氧化碳、碳氢化合物、氮氧化物等有害气体。其中,一氧化碳与人体血液中的血红蛋白结合的速度比氧气快250倍。所以,即使仅吸入微量一氧化碳,也可能给人造成缺氧性伤害。轻者眩晕、头疼,重者脑细胞受到永久性损伤。由

中小学生环保 实用知识手册

于汽车尾气多排放在1.5米以下，因此儿童吸入的汽车尾气为成人的两倍。使用含铅汽油的车通过尾气排放出铅粒，随呼吸进入人体后会伤害人的神经系统，还会积存在骨骼中；如落在土壤或河流中，会被各种动植物吸收而进入人类的食物链。铅在人体内积蓄到一定程度会使人产生贫血、肝炎、肺炎、肺气肿、心绞痛、神经衰弱等多种疾病。

18.什么是自然资源

自然资源是指自然界天然存在、未经人类加工的资源，如土地、水、生物、能量和矿物等。

19.自然资源可分为哪三类

一是不可更新的资源，如各种矿化石燃料等，它们需经过漫长的地质年代才能生成；

二是可更新的资源，如水、土壤、生物等，它们能在较短的时间内再生产出来或循环再现；

三是取之不竭的资源，如太阳能和风能等，它们被利用后，不会导致储量上的减少和枯竭。

20.什么是公害

由于人类活动引起的环境污染和破坏，造成对公众的安全、健康、生命、财产和生活的危害。

21.什么是固体废弃物

人类在生产过程和社会生活活动中产生的不再需要或没有利用价值而被遗弃的固体或半固体物质。

22.什么是活性污泥

一种以细菌、真菌、原生动物、后生动物等微生物和金属氢氧化物为主的污泥状褐色絮凝物。

23.活性污泥是怎样形成的

活性污泥是在废水中以有机污染物作为培养基、在充氧曝气条件下,对各种微生物群体进行混合连续培养而成。

24.活性污泥有什么作用

活性污泥具有凝聚、吸附、氧化、分解废水中有机污染物的性能,从而可使废水得到净化。

25.什么是化学需氧量

在规定条件下,使水样中能被氧化的物质氧化所需耗用氧化剂的量,以每升水消耗氧的毫克数表示。

26.污水处理的基本方法

根据作用原理,污水处理方法可分为分离法和转化法两种,其中分离法为物理法,转化法包括化学法和生物转化。

(1)物理处理法:利用物理作用分离污水中主要呈悬浮状态的固体污染物质。方法有:筛滤、沉淀、气浮、过滤和反渗透等。

(2)化学处理法:利用化学反应的作用来分离、回收污水中处于各种形态的污染物质。方法有:中和、混凝、电解、氧化还原、汽提、萃取、吸附、离子交换以及电渗析等。

中小学生环保

实用知识手册

(3) 生物处理法：利用微生物的代谢作用，使污水中呈溶解、胶体状态的有机污染物质转化为稳定、无害的物质。方法分为好氧处理法和厌氧处理法。

27.气浮法水处理过程是怎样的

在被处理的水中通入空气，使其产生微细气泡，有时还需向水中加入药剂(混凝剂、浮选剂等)使水中细小悬浮物颗粒或油粒粘附在气泡上一起上浮到水面，形成浮渣后利用池表面上刮泥机排除。

28.污水一级处理的作用是什么

去除水中的漂浮物和部分悬浮状态的污染物，调节 pH 值，减轻废水的腐化程度和后续处理构筑物负荷。

29.一般说来带臭味的物质种类主要有哪三种

(1)硫化氢、硫醇等硫化物；(2)氨、胺等氮化物；(3)烃、醛、酮和脂肪酸等碳氢化合物。

30.生活垃圾有哪几类？其处理方法怎样

生活垃圾一般可分为四大类：可回收垃圾、厨房垃圾、有害垃圾和其他垃圾。目前常用的垃圾处理方法主要有综合利用、卫生填埋、焚烧和堆肥。

三、世界环境纪念日

环保纪念日	日　期	环保纪念日	日　期
国际湿地日	2月2日	爱眼日	6月6日
世界森林日	3月21日	世界防治沙漠化和干旱日	6月17日
世界水日	3月22日	世界60亿人口日	10月12日
世界气象日	3月23日	世界清洁地球日	9月14日
世界卫生日	4月7日	国际保护臭氧层日	9月16日
世界地球日	4月22日	世界动物日	10月4日
世界无烟日	5月31日	世界粮食日	10月16日
世界环境日	6月5日	国际生物多样性日	5月22日

中小学生环保实用知识手册

第五篇　可持续发展

📷 一、可持续发展

1."可持续发展"的概念　既满足当代人的需要,又不对后代人的需要造成危害的发展,叫可持续发展。人类只有一个地球,人类必须爱护地球,共同关心和解决全球性的环境问题,并开创一条人类通向未来的新的发展之路——可持续发展之路。

2.可持续发展的原则

(1)**持续性原则**。人们根据可持续的条件调整自己的生活方式,在生态允许的范围内确定消耗标准,发展新大众消费模式,保证资源的持续利用和生态系统的可持续性。

(2)**公平性原则**,包括两个方面:一是代内公平,不管其国籍、种族、性别、经济发展水平和文化等方面的差异,都享有平等

中小学生环保实用知识手册

利用自然资源和享受良好和清洁环境的权利。二是代际公平,人类发展的同时,要给后代人公平利用自然资源的权利,当代人不能损害后代人发展所必需的资源和环境条件。

(3)**共同性原则**。可持续发展关系到全人类的发展,尽管不同国家的历史背景、经济文化和发展水平不同,可持续发展的具体目标、政策和实施步骤也各有差异,但是,发展的持续性和公平性是一致的。若要实现可持续发展的总目标,需要全人类共同努力,追求人与人之间、人与自然之间的和谐是人类共同的道义和责任,全球共同联合行动才是唯一的途径。

3.可持续发展的五大要点

(1)**环境保护:**工业化国家应当恪守《京都议定书》关于限制温室气体排放量的规定,保护地球环境,防止全球继续变暖。

(2)**能源开发:**大力推广清洁能源及电能的应用,提高可再生能源在能源消费结构中的比例。

(3)**绿色贸易:**促进世界生产及贸易过程中的环保意识和社会责任感。

(4)**清洁水源:**节约用水,到2015年实现为一半以上缺乏清洁饮用水源的人口提供洁净饮用水。

(5)**发展援助:**发达国家向发展中国家增大经济援助的力

度,援助比例达到其国内生产总值的0.7%。

二、可持续发展在行动

(一)保护珍稀动植物,保持生物多样性

1.保护珍稀动植物的原因

　　地球是所有生命赖以生存的家园,人类只是其中一员。但自工业革命以来,地球人口急剧增加,需要的生活资料越来越多,人类的活动范围越来越大,对自然的干扰越来越重。大片的森林、草原、河流等生态系统随之消失,接踵而来的是物种灭绝。自然生态系统的消失速度比物种灭绝速度快得多,热带雨林和温带雨林系统已经成为濒危生态系统。每一个生物物种和每一种生态系统都是地球历经千万年进化的产物,一旦丧失不仅无法挽回,还会影响到人类的生存和发展。因此,保护珍稀动植物,维护生态平衡,是实现可持续发展的必要因素。

　　2.自然保护区建立的原因

　　为了保护珍贵和濒危动、植物以及各种典型的生态系统,保护珍贵的地质剖面和有特殊意义的文化遗迹等,为进行自然保护教育、科研和宣传活动提供场所,并在指定的区域内开展旅游和生产活动而划定了特殊区域——自然保护区。建立自然保护区

27

是保护生物多样性最有效的方式。

　　自然保护区往往是一些珍贵和稀有的动植物物种的集中分布区，候鸟繁殖、越冬或迁徙的停歇地，以及某些饲养动物和栽培植物野生近缘种的集中产地，是具有典型性或特殊性的生态系统，也常是风光旖旎的天然风景区，具有特殊保护价值的地质剖面、化石产地或冰川遗迹、岩熔、瀑布、温泉、火山口及陨石的所在地等。

　　3.自然保护区的分类

　　第一类是生态系统类，保护的是典型地带的生态系统。例如，山东黄河三角洲自然保护区，保护对象是候鸟繁殖、越冬、迁徙的栖息地；广东鼎湖山自然保护区，保护对象为亚热带常绿阔叶林；甘肃连古城自然保护区，保护对象为沙生植物群落；吉林查干湖自然保护区，保护对象为湖泊生态系统。

第二类是野生生物类,保护的是珍稀的野生动植物。例如,

黑龙江扎龙自然保护区,保护以丹顶鹤为主的珍贵水禽;福建文昌鱼自然保护区,保护对象是文昌鱼;广西上岳自然保护区,保护对象是金花茶。

第三类是自然遗迹类,主要保护的是有科研、教育旅游价值的化石和孢粉产地、火山口、岩溶地貌、地质剖面等。例如,山东

的山旺自然保护区,保护对象是生物化石产地;湖南张家界森林公园,保护对象是砂岩峰林风景区;黑龙江五大连池自然保护区,保护对象是火山地质地貌。

(二)保护海洋

1.海洋是人类蓝色的家园

海洋是地球上一切生灵的摇篮,它以无比的壮观和无尽的蕴藏让人类亲近,它吸收了30%~50%人类排放的二氧化碳,同时制造地球上一半的氧气⋯⋯它,就是人类的蓝色家园——海洋。

今天，人们强烈意识到由于陆地资源的日趋短缺，人类将更多地依赖占地球面积2/3以上且远未被充分合理开发利用的海洋。海洋将为人类社会经济的发展提供丰富的资源和广阔的空间。

2.海洋对人类至关重要

人类探索海洋、开发海洋、利用海洋的脚步从未停止过，海洋对人类进步和社会发展起着至关重要的作用。自古以来，凡是重视海洋开发的国家其社会经济都得到了繁荣和发展。迄今为止，海洋事业强大的国家，大都是发达国家；所有沿海国家的发达地区，几乎都集中在临海地区。

3.海洋蕴藏的资源丰富

（1）海洋是矿产资源的聚宝盆。世界石油可开采量的43%左右蕴藏在海底；海底锰、铜、镍、钴等金属矿藏的储量为陆地储藏量的几十倍乃至几千倍。

（2）海洋是未来的粮仓。海洋中生存着17万余种动物、2.5万余种植物，仅水产品便

足以养活300亿人口。

(3)**海洋是未来的淡水资源。**未来向海洋要淡水已成定势。淡水资源奇缺的中东地区,数十年前就把海水淡化作为获取淡水资源的有效途径。美国正在积极建造海水淡化厂,以满足人们目前与将来对淡水的需求。目前,全世界共有近8 000座海水淡化厂,每天生产的淡水超过60亿立方米。

(4)**海洋是21世纪的药库。**据报道,海参、牡蛎、鲨鱼等海洋生物的提取物具有抑制肿瘤的作用,灌肠鱼体内的提取物有助于治疗糖尿病,珊瑚礁的提取物可制成治疗白血病、高血压及某些癌症的特效药。

(5)**另外,浩瀚的海水中蕴藏着近80种元素,**为人类衣食住行提供着基础化工原料;海浪和潮汐发电,一定程度地满足了人类对能源不断增长的需要;蔚蓝色的海水,金色的沙滩,为人们提供了休闲娱乐的场所……

(三)创建生态工业系统

1.为什么要选择生态工业模式

为了工业可持续发展,我们必须抛弃传统的工业生产模式,选择生态工业模式。工业高速发展带来的资源耗竭和环境污染问题日益严重,成为工业持续发展的主要障碍。

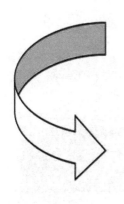

工业生态
资源有效利用
延长产品的寿命
污染防治
再循环和重新利用
生态工业园

2.传统工业与生态工业系统的利弊比较

(1)传统工业以煤、石油、天然气等不可再生资源作为能源与原材料,采用由"资源—产品—污染物排放"单向流动的生产流程,通过把资源持续不断地变成废物来实现经济的数量型增长,其特征是高开采、低利用、高排放,在环境管理中采用末端控制、浓度控制等手段,加速了资源的耗竭和环境的污染。

(2)生态工业系统是人类模拟自然生态系统,建立起相当于自然生态系统的"生产者—消费者—还原者"的工业生态链,组成了一个"资源—产品—再生资源—再生产品"的物质循环流动生产过程。每一个生产过程产生的废物都变成下一个生产过程的原材料,所有的物质都得到了循环往复的利用。

(四)发展生态农业

1.农业生产与生态环境相互影响

(1)"民以食为天,食以土为源",农业是人类生存繁衍的基础。人类人口的急剧增加和农村经济的快速发展,农药、化肥、农膜的大量使用,集约化养殖以及农村废弃物和生活污水的无序抛洒、排放,给人类带来了一系列的资源、环境、生态问题,影响了农业的可持续发展。

生态农业

（2）农业生产与生态环境之间密切相关。一方面,农业生产受到环境的巨大影响与制约;另一方面,农业生产过程也会给环境带来很大影响。

2.发展生态农业是必然选择

生态农业是遏制生态环境恶化和资源退化的有效途径,是实现农业可持续发展的理想生产方式。它不仅是农、林、牧、副、渔各业综合起来的大农业,还是农业生产、加工、销售综合起来,适应市场经济发展的现代农业。它因地制宜地安排生产结构,提高

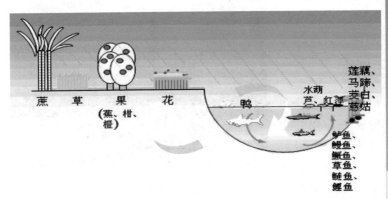

太阳能利用率,促进物质在系统内多次重复利用,以尽可能少的燃料、肥料、饲料生产尽可能多的农、林、牧、副、渔产品,获得生产发展、生态环境保护、能源再生利用、经济效益统一的综合效果。

（五）珍惜地球资源

1.人类或将毁灭地球

自工业革命以来,全世界城市快速扩张,大片森林遭到破坏,内陆的湖泊干涸,人类对地球的破坏触目惊心。目前人类活动已使地球上约2/3的自然资源面临枯竭;过去60年中被用于耕种的土地超过了18世纪和19世纪的总和;过去40年中,江河湖泊的水量减少了一半;过去30年中,红树林总量的35%已从地球上消失,全球有20%的珊瑚礁遭到破坏,至少1/4的鱼类都面

临过度捕捞的危险……长此以往，人类将毁灭地球！

2. 地球上自然资源现状

（1）地球上可供人类使用的淡水仅占地球水资源总量的0.3%。20世纪，世界人口增加了2倍，而人类用水却增加了5倍。

（2）全球大多数矿产集中在少数国家。如世界石油剩余可采储

量中，63.3%分布在中东，我国只占2.1%；天然气剩余可采储量中，中东占40.8%，俄罗斯占26.7%，我国仅占1%。

（3）全球森林面积约占陆地面积的30%，人均森林面积0.62公顷。

（4）全球陆地总面积中有70%为极地、高寒地区、干旱地区、山地陡坡、缺乏土壤的露岩，只有30%属于适居地，而耕地面积仅占10.8%。

3. 合理开发利用资源

我们只有一个地球，不要让我们的眼泪成为地球上的最后一滴水，不要让地球上最后一片绿叶成为我们的食物，合理开发和利用现有资源对人类可持续发展至关重要。

（1）面对全球能源的短缺形势，在合理开发利用矿产资源的

中小学生环保

实用知识手册

同时,寻找替代品补充人类对能源的大量需求。

(2)因为土地资源可以循环使用,多将其归为可再生资源,但其数量是有限的,所以在城市发展过程中要合理用地,在工农业生产中要防止污染土地。

(3)水资源和森林资源虽然属于可再生资源,但其再生速度有限,人类的过度开发和不合理利用都将使其消耗殆尽。我们在加强植树造林、禁止乱砍滥伐的同时,还应强调节约使用森林资源。在推广节水农业、清洁生产的同时,还应注意从生活的点点滴滴做起,节约用水,以保证我们的资源可以持续利用。

(六)控制人口数量 提高人口素质

1.人口、资源与环境

我们曾以"中国地大物博"而感到无比自豪。我国的确是"地大",陆地面积约960万平方千米,是仅次于俄罗斯和加拿大的第3大国家。我国的确"物博",水资源总量列世界第6位,森林面积居世界第5位,已探明的矿产资源居世界第3位,耕地面积居世界第4位⋯⋯但是我国主要资源人均占有量在世界上144个国家的排序非常落后,土地、耕地、森林等均排在100位以后,

淡水资源排在55位以后，矿产资源排在50位以后……

过快的人口增长，势必给社会经济发展和资源环境带来巨大的压力。由此引起的水资源匮乏、耕地减少、食物短缺、森林面积减小、动植物物种灭绝、全球变暖和环境污染等问题加剧，这一切反过来又严重威胁着人类的生存与发展。

2.可持续发展的人口策略

中国自1973年全面推行计划生育以来，生育率迅速下降，取得了举世瞩目的成就。在过去30年少生的4亿多人，使世界60亿人口日推迟4年，但在未来30年还将净增约2亿人。我国是人口众多、资源相对不足的国家，21世纪的中国依然面临人口总量所带来的严峻挑战，中国仍需要持续稳定的人口控制政策。只有坚持计划生育和保护环境，在协调好人与自然关系的条件下，控制人口数量、提高人口素质、珍惜自然资源，保护生态环境，才能够实现人口与资源可持续发展。

(七)大力发展绿色科技

1.绿色科技

绿色科技就是要充分发挥现代科技的潜力，消除或减小科技对环境和生态的消极影响，开发保护地球生态环境和促进人类社会可

持续发展的高科技产品和技术,如开发太阳能、风能替代日益短缺的资源,开发废物利用技术、清洁生产技术,为企业提供可持续发展的科技支撑等。

2.绿色科技支撑和保障可持续发展

我国人口众多、资源相对短缺和生态环境脆弱的现实国情,决定了我国实施可持续发展战略将面临一系列严峻挑战——既要处理好人口、资源、环境等领域长期积累的问题,又要解决在发展过程中出现的新问题。这就需要强有力的绿色科技的支持和保障。例如,太阳能海水淡化系统就可以同时解决能源和水资源短缺问题。

中小学生环保 实用知识手册

一、怎样保护校园环境

优美的校园环境既能让我们学习进步，道德高尚，又能让我们学会珍惜，懂得爱护。学校是我们的家，我们是学校的主人，为了校园环境能够更美、更环保，守护和创优，我们学生义不容辞。

1.讲究卫生，不随地吐痰

痰液中含有很多细菌，会给同学们的身体和校园环境带来极大的危害，所以我们应制止这种既不卫生也不文明的行为。

2.合理排放，分类投放废弃物

我们不能随意排放废水，不能随地乱扔果皮、纸屑、塑料袋、旧电池等废弃物，应当分类将废弃物扔到指定地点和容器中。

3.轻声慢语，少发出噪声

进出校园不准摇车铃或按电动车喇叭；上下楼梯轻一点；课间游戏不大声喊叫；计算机、随声听等音响声音要适度，不用时及时关闭。

4.节约用水,常关闭水龙头

在刷牙或洗手擦肥皂时,要关上水龙头。不要开着水龙头用长流水洗碗、洗衣服。看见漏水的水龙头一定要拧紧它。

节约用水　请勿浪费

5.节约用电,不要让电器长时间处于待机状态

待机状态指的是,只用遥控关闭,实际并没有完全切断电源。以电视机为例,每台彩电待机状态耗电约1.2瓦/小时。

6.用自动铅笔,少用木杆铅笔

一些发达国家已经把制造木杆铅笔视为"夕阳工业",开始只生产自动铅笔。因为用木杆铅笔将会浪费大量木材。

7.用圆珠笔,尽量用可换芯的

用笔尽量用可换芯的,减少圆珠笔外壳的浪费与垃圾量。

8.节约用纸,白纸尽量双面书写

用过一面的纸可以翻过来做草稿纸、便条纸。拒绝接受那些随处散发的宣传物,制造这些宣传物既会大量浪费纸张,又会因为随处散发、张贴而破坏市容卫生。

节约用纸　任重如山

9.节约资源,少用一次性制品

尽量避免使用一次性饮料杯、泡沫饭盒、塑料袋和一次性筷子。用陶瓷杯、塑料饭盒、布袋和普通筷子来替代,这样不仅可以节省资源,而且可以大大减少垃圾的产生。

10.少用塑料制品,减少白色污染

我们应拒绝使用塑料袋买菜或盛装食物,买菜可用菜篮子或布袋,避免使用上的一次性,减少对环境的污染。而盛装食物可以使用自备的不锈钢或塑胶饭盒,既卫生,又环保,还不会对

中小学生环保实用知识手册

身体造成危害。

11.选择简易包装,拒绝商品过度包装

不少商品的包装费占成本很大比例,过度包装加重了消费者的经济负担,增加了垃圾量,污染了环境。

12.环保选购,让钞票变选票

如果我们在选购商品之前,能先看看它是否标有"中国环境标志",我们手中的钞票就变成了一张"绿色选票"——哪种产品符合环保要求,我们就选购它,让它在市场上占有越来越多的份额;哪种产品不符合环保要求,我们就不买它,同时也动员别人不买它,这样它就会逐渐被淘汰,或被迫转产为符合环保要求的绿色产品。

13.防腐防毒,选购绿色食品

很多蔬菜水果农药残留量较高,还有很多食品使用了对人体有害的添加剂。这样的食品会危害人体健康和智力。所以,水果、蔬菜在食用前应通过浸泡法、去皮法等减少残留农药,少吃含防腐剂的方便快餐食品、有色素的饮料和添加剂的香脆零食,或者认准"绿色食品"标志选购。

14.买充电电池,将废旧电池集中处理

一般电池放完电即成废品,而充电电池可反复充电放电,可以反复使用很多次。我们日常使用的电池是靠化学作用,通俗地讲就是靠腐蚀作用产生电能的。当其被废弃在自然界时,这些物质便慢慢从电池中溢出,进入土壤或水源,再通过农作物进入人的食物链。

15.少用洗洁精,不乱喷空气清新剂和杀虫剂

大部分洗涤剂、空气清新剂和杀虫剂都是化学产品,会污染水源和空气,而且影响身体健康。

中小学生环保 实用知识手册

16.适时更衣,少用空调

空调开得越多,室外的温度就越高,整个城市的温度也不断升高,这就形成了恶性循环。少用空调不仅节能环保,对我们的健康也很有好处。

17.少用纸巾,多用手帕

多用手帕 少用纸巾

纸巾不仅消耗大量木材,造成环境污染,而且部分纸巾中含有荧光增白剂、氯等有害化合物,影响身体健康。所以,我们应回归手帕时代,提倡低碳生活。

18.远离有毒有害物品,不随意搬动危险品和化学品

尽量掌握它们的使用方法和注意事项,防止污染和伤害的发生。

19.少用私车,多乘公交

提倡多利用公交车、地铁、电动车等公共交通工具上下学,这样既可节约汽油,又可减少汽车尾气排放带来的大气污染,还可以缓解交通堵塞。所以应尽量少用私家车。

20.爱护花草树木,争做护绿使者

不破坏校园绿化并积极参加植树绿化活动。学校里栽着许多绿叶繁茂的树木,五彩缤纷的花朵,碧绿的草坪,它们提供我们新鲜空气,不但给我们带来了美的享受,还让整个校园充满了清香。所以我们不能让它们受伤害,不能用刀在树杆上刻字,不能乱摘花朵,不能踩踏草坪。

21.不留长发、怪发,不穿奇装异服

不戴戒指、耳环,不拉帮结派,不打架斗殴,讲究行为正派文明。

22.不讲脏话、粗话,不传黄色段子

多讲礼貌用语,保持思想积极健康。

23.不看暴力、色情或封建迷信的书刊或视频

多阅读一些积极向上的书籍,丰富涵养,提高素质。

中小学生环保实用知识手册

24.以身作则,积极参加保护校园环境的劳动

比如除草、擦窗户以及环保宣传和实践等,这些活动我们要经常参加,为保护校园环境贡献一份力量。

其他保护校园环境的做法还有:

少吃口香糖;少用罐装食品、饮品;选用大瓶、大袋装食品;不吃田鸡,保蛙护农;节约粮食;消费肉类要适度;反对奢侈,生活简朴;不吸烟,奉劝别人也少吸烟;多步行,多骑车;随手关灯,节约用电;使用节能型灯具;节省纸张,回收废纸;不用圣诞树;旧物捐给贫困者;多用肥皂,少用洗涤剂;提倡观鸟,反对关鸟;不购买野生动物制品;不穿野兽毛皮制作的服装;不制作、购买动植物标本;不虐待动物;不参与残害动物的活动;不鼓励买动物放生;尽量避免产生有毒垃圾;支持环保募捐;参与环保宣传;做环保志愿者。

二、怎样保护家庭环境和社会环境

1.家庭布置,环保科学

(1)居室通风,温度适宜

居室经常开窗通风,能减少空气中的病菌。有些病菌在阴暗潮湿的环境中,容易生长繁殖,而在空气流通、阳光充足的环境中,就会大大减少。经常通风换气,还可提高空气中含氧的比例,保证人体正常的氧气需要。

室内温度,应以适应生理机能的正常需要为宜,一般保持在18~22℃为好,过高室内空气二氧化碳含量增加,氧气含量下降。

(2)合理采光,适宜照明

适宜的自然采光可使室内得到良好的日照,一般窗户玻璃面

积与地面之比例在1/5~1/10为宜,房内如有良好的日照,还可以起到杀菌作用。为满足阅读需要,房内最低照度不低于50勒克司。

(3)科学布局,减少噪声

居室内噪声主要来自室外车辆、喇叭声、锅炉、空调、通风系统等发出的响声和电视、音响播放声。搞好植树绿化,合理布局噪声大的辅助用房并处理好其噪声,控制电视、音响设备音量,是减少噪声的重要措施。

(4)养花种草,绿化居室

绿化植物不仅能保持生态平衡,而且还可以制造氧气,净化空气,减少噪声,吸收致癌物质,净化水源,有些还可以分泌出一种杀菌素,减少疾病的传播。室内外养花、种草、种树,使得环境优美,芳香宜人,也陶冶了人的性情。

(5)科学清洁,适当使用

大多数洗涤剂都是化学产品,洗涤剂含量大的废水大量排放到江河里会使水质恶化。长期不当地使用清洁剂,会损伤人的中枢系统,使人的智力发育受阻,思维能力、分析能力降低,严重的还会出现精神障碍。清洁剂残留在衣服上,会刺激皮肤发生过敏性皮炎。长期使用浓度较高的清洁剂,清洁剂中的致癌物就会从皮肤、口腔进入人体内,危害健康。

(6)节用燃料,减缓温室效应

大量的煤、天然气和石油燃料被用在工业、商业、住房和交通上,这些燃料燃烧时产生的过量二氧化碳就像玻璃罩一样,阻断地面热量向外层空间散发,将热气滞留在大气中形成温室效应,温室效应使全球气象变异,产生灾难性干旱和洪涝,并使南北极冰山融化,导致海平面上升。科学家们估计,如果气候变暖的趋势继续下去,海拔较低的孟加拉、荷兰、埃及、中国低洼三角

中小学生环保实用知识手册

洲等地及若干岛屿国家将面临被海水吞没的危险。

(7)少开空调,降低能源消耗

多开空调不仅消耗使用大量燃料所产生的电能,而且还容易产生氟利昂。燃烧燃料容易造成空气、水体和土壤等污染,而氟利昂易使大气中臭氧层变薄,从而使紫外线对人体产生伤害。

(8)绿色照明,科技节能

中国绿色照明工程是我国节能重点之一。按照该工程实施计划,我国推出的节能高效照明灯具,节约照明用电约220亿千瓦时,并节省相应的电厂燃煤,减少二氧化硫、氮氧化物、粉尘、灰渣及二氧化碳的排放。

(9)珍惜森林,保护河流

纸张需求量的猛增是木材消费增长的原因之一。纸张的大量消费不仅造成森林毁坏,而且因生产纸浆排放污水使江河湖泊受到严重污染(造纸行业所造成的污染占整个水域污染的30%以上)。因此,节省纸张、整顿纸厂、科学排污,就是珍惜森林、保护河流。

2.消费选购,绿色环保

带着环保的眼光去评价和选购商品,审视该产品在生产过程中会不会给环境造成污染。我们手中的钞票就像是"绿色的选票",哪种产品符合环保要求,我们就选购哪种产品,这样它就会逐渐在市场上占有越来越多的份额;哪种产品不符合环保要求,我们就不买它,同时也动员别人不买它,这样它就会逐渐被淘汰,或被迫转产为符合环保要求的绿色产品。如果每个消费者都有意识地选择有利于环境的消费品,那么这些信息就将会汇集成一个信号,引导生产者和消费者正确的走向可持续发展之路。

(1)认准环境标志选购绿色食品

环境标志产品上贴有"中国环境标志"的标记。该标志图形的中心结构是青山、绿水、太阳,表示人类赖以生存的环境。外围的10个环表示公众共同参与保护环境。

(2)用无氟制品保护臭氧层

无氟制品不用氟利昂,对臭氧层无破坏作用。臭氧层能吸收紫外线,保护人和动植物免受伤害,氟利昂中的氟原子对臭氧层有极大的破坏作用,它能分解吸收紫外线的臭氧,使臭氧层变薄。强烈的紫外线照射会损害人和动物的免疫功能,诱发皮肤癌和白内障,会破坏地球上的生态系统。1994年,人们在南极观测到了当时最大的臭氧层空洞,它的面积有2 400平方千米。据有关资料表明,在位于南极臭氧层边缘的智利南部已经出现了农作物受损和牧场的动物失明的情况。北极上空的臭氧层也在变薄。

(3)选无磷洗衣粉,保护江河湖泊

大量的含磷污水进入水源后,会引起水中藻类疯长,使水体发生富营养化,水中含氧量下降,水中生物因缺氧而死亡。水体也由此成为死水、臭水。

中小学生环保实用知识手册

(4)买环保电池,防止汞镉污染

我们日常使用的电池是靠化学作用,通俗地讲就是靠腐蚀作用产生电能的。而其腐蚀物中含有大量的重金属污染物镉、汞、锰等。当其被废弃在自然界时,这些有毒物质便慢慢从电池中溢出,进入土壤或水源,再通过农作物进入人的食物链。这些有毒物质在人体中会长期积蓄难以排除,损害神经系统、造血功能、肾脏和骨骼,有的还能够致癌。电池可以说是生产多少废弃多少,如果不进行分类回收,必将是集中生产,分散污染;短时使用,长期污染。

(5)选绿色包装,减少垃圾灾难

我国目前垃圾的产生量是1989年的4倍,其中很大一部分是过度包装造成的。不少商品特别是化妆品、保健品的包装费用已占到成本的30%~50%。过度包装不仅造成了巨大的浪费,也加重了消费者的经济负担,同时还增加了垃圾量,污染了环境。

(6)买无公害食品,维护生态环境

食品污染源:一是工业废弃物污染农田、水源和大气,导致有害物质在农产品中聚集;二是化学肥料、农药等在农产品中残留;三是一些化学色素、添加剂在食品加工中不适当使用;四是储存加工不当导致的微生物污染。水果和蔬菜上的农药侵入人体数年后就会通过癌症和免疫系统、激素分泌系统及生殖系统的紊乱表现出来。

3.多次使用,重复利用

现代化生活中充斥着许多一次性用品:一次性餐具、一次性桌布、一次性牙刷、一次性电池、一次性照相机⋯⋯一次性用品给人们带来了短暂的便利,却给生态环境带来了高昂的代价。人们

中小学生环保实用知识手册

加快了地球资源的耗竭，同时也给地球带来了垃圾灾难。少使用一次性用品，多使用耐用品，对物品进行多次利用，应当成为新的社会风气，新的生活时尚。

（1）少用一次性制品，节约地球资源

那些"用了就扔"的塑料袋不仅造成了资源的巨大浪费，而且使垃圾量剧增。我国每年塑料废弃量为100多万吨。此外还有一次性筷子、牙刷、餐具等，如果大量使用，不仅造成资源浪费，而且还造成环境污染。

（2）自备购物袋，不用塑料袋

超市里的塑料袋是有偿提供的，这是为了减少塑料袋的使用。建议买东西时，提着布袋子，或直接将货物装到车上，不用塑料袋。国外不少旅馆不提供一次性的牙刷、牙膏、梳子、纸杯、拖鞋。饭店里尽量使用不锈钢餐具，高温消毒后再重复使用。

（3）自备餐盒，减少白色污染

环保浪潮使产生一次性产品的行业正在走下坡路，很多国家在开发生产可降解塑料袋使其在使用过后能够在自然界中化解，有的国家已淘汰使用塑料，而用特种纸包装代替，很多国家提倡包装物的重复使用和再生处理。

4.回收分类，循环再生

垃圾有的可以回收再生，有的则不可以。纸张、塑料、铝铁等废品是可回收垃圾，也叫资源垃圾；厨房垃圾、花草树叶等是一般垃圾，不可回收，也叫非资源性垃圾。

中小学生环保实用知识手册

我们每天都在制造垃圾。这些混杂着各种有害物质的垃圾被拉去填埋，侵占土地、污染环境。长此下去，我们的地球会不会变成无法生息的垃圾场？垃圾，不分类回收就是污染环境、耗竭资源的魔鬼；分类回收，就是造福人类和自然的宝贝。垃圾分类制造的最终是一个资源循环型的社会。回收，对我们来说本不陌生，许多人都还记得20世纪七八十年代回收废品的情景：牙膏皮攒起来回收，橘子皮用来制药，废布头、墨水瓶等都能够得到再利用。垃圾没有造成环境灾难，却为工农业生产提供了原料。让我们把垃圾分类、废品回收的老传统拾回来，使它成为今天新的环保时尚吧！

（1）回收废电池，防止悲剧重演

骨痛病和水俣病都是在日本发生的工业公害病。这是由于含镉或汞的工业废水污染了土壤和水源，进入了人类的食物链。水俣病是汞中毒，患者由于体内大量积蓄甲基汞而发生脑中枢神经和末梢神经损害，轻者手足

麻木，重者死亡。骨痛病是镉中毒，患者手足疼痛，全身各处都很容易发生骨折。得这种病的人都一直喊着："痛啊！痛啊！"直到死去，所以被叫做骨痛病。由于普通干电池都含有这两种有毒金属元素，所以说电池从生产到废弃，时刻都潜伏着污染。电池的回收势在必行！

（2）回收废纸，再造林木资源

回收1吨废纸能生产好纸800千克，可以少砍17棵大树，节省3立方米的垃圾填埋场空间，还可以节约一半以上的造纸能源，减少35%的水污染。每张纸至少可以回收两次，办公用纸、旧信封、信纸、笔记本、书籍、报纸、广告宣传纸、货物包装纸、纸箱纸

盒、纸餐具等在第一次回收后,可再造纸印制成书籍、稿纸、名片等。第二次回收后,还可制成卫生纸。

(3)回收生物垃圾,再生绿色肥料

垃圾混装是把垃圾当成废物,而垃圾分装是把垃圾当成资源;混装的垃圾被送到填埋场,侵占了大量的土地,分装的垃圾被分送到各个回收再造部门,不占用土地;混装垃圾无论是填埋还是焚烧都会污染土地和大气,而分装垃圾则会促进无害化处理;混装垃圾增加环卫和环保部门的劳作,分装垃圾只需我们的举手之劳。回收各种废弃物,所有的垃圾都能变成资源。铝制易拉罐再制铝,可减少95%的空气污染,废玻璃再造玻璃,不仅可节约原材料,还可节电,减少能量消耗,减少空气污染和水污染。回收一个玻璃瓶节省的能量,可使灯泡发亮4小时。

(4)推动分类回收,战胜垃圾公害

回收再生是世界性的潮流和时尚,分类垃圾箱在许多国家随处可见。回收再生应成为妇孺皆知的常识。

5.万物共生,保护自然

在地球上,人不是唯一的动物,还有许许多多别的生灵。它们和人类一样,都是大自然的子民,任何一个物种的灭绝,都会影响到整个生物链的平衡。然而,人类为了自己的享受而使许多物种濒临灭绝,大片的原始森林和珍稀植物被砍伐,大批的野生动物被猎杀。偷猎者—偷卖者—消费者,

中小学生环保实用知识手册

究竟谁之罪？救助野生动植物,必须从改变我们的生活价值和生活方式开始,如果每个人都拒食野生动物,拒用野生动植物制品,那些偷卖者将失去市场,偷伐偷猎者也才会销声匿迹。保护生物的多样性,就是保护人类自己。让我们在每个人的心中,建起一座自然保护区。

（1）**拒食野生动物,改变不良的饮食习惯**

在恐龙时代,平均每1 000年才有一种动物绝种;20世纪以前,地球上大约每4年就有一种动物绝种,现在每年约有4万种生物绝迹。近150年来,鸟类灭绝了80种。近50年来,兽类灭绝了近40种。近100年来,物种灭绝的速度超出其自然灭绝率的1 000倍,而且这种速度仍然有增无减。

（2）**拒用野生动植物制品,别让濒危生命死在你手里**

（3）**不猎捕和饲养野生动物,保护脆弱的生物链**

我国已建立400多处珍稀植物迁地保护繁育基地和种质资源库、100多处植物园及近800个自然保护区。我国于1988年发布《国家重点保护野生动物名录》,列入陆生野生动物300多种,其中国家一级保护野生动物有大熊猫、金丝猴、长臂猿、丹顶鹤等约90种,国家二级保护野生动物有小熊猫、穿山甲、黑熊、天鹅、鹦鹉等230种。

（4）**制止偷猎和买卖野生动物的行为,行使你神圣的权利**

《中华人民共和国野生动物保护法》规定:禁止出售、收购国家重点保护野生动物或者产品。商业部规定,禁止收购和以任何形式买卖国家重点保护动物及其产品(包括死体、毛皮、羽毛、

中小学生环保实用知识手册

内脏、血、骨、肉、角、卵、精液、胚胎、标本、药用部分等)。我国也是《濒危野生动植物种国际贸易公约》成员国之一。

(5)做动物的朋友,善待生命,与万物共存

为挽救野生动物,一些人捐钱"认养"自然保护区中的指定动物,并像看望亲属一样定期去看望它们。北京部分大学生假期到云南动员当地人保护原始森林和栖息于那里的珍稀动物滇金丝猴。很多人常去濒危动物保护中心,吊唁已灭绝的野生动物。在美国,一些孩子像对待朋友一样给动物园的动物过生日。

(6)植树护林,与荒漠化抗争

森林的消失意味着大面积的水土流失、荒漠化的加速。目前全球有100多个国家、9亿人口和25%的陆地受到荒漠化的威胁,每年因荒漠化造成的直接经济损失达400多亿美元。我国受荒漠化影响的地区超过国土总面积的1/3,生活在荒漠地区和受荒漠影响的人口近4亿,每年因荒漠化危害造成经济损失高达540亿元以上。

三、旅游时怎样保护环境

外出旅游时,不要污染、破坏自然环境。少用一次性用品,减少垃圾量,如有垃圾则应投放到指定地点。在有分类垃圾桶的地方,要分类投放。不攀折践踏花草树木,不随便采集标本;不乱投废物,不污染水源;不猎捕和食用野生动物,不购买野生动物或其制品;尽量利

中小学生环保　实用知识手册

用公共交通工具外出旅游,以减少尾气排放带来的空气污染。如果能骑自行车郊游,就更符合环保潮流了。

四、让家长选择环保型建材

1.环保型材料

(1)**基本无毒无害型**。是指天然的,本身没有或极少有毒有害的物质、未经污染只进行了简单加工的装饰材料。如石膏、滑石粉、砂石、木材、某些天然石材等。

(2)**低毒、低排放型**。是指经过加工、合成等技术手段来控制有毒、有害物质的积聚和缓慢释放,因其毒性轻微,对人类健康不构成危险的装饰材料。如甲醛释放量较低、达到国家标准的大芯板、胶合板、纤维板等。

2.目前流行的环保装饰材料

(1)**环保地材**:植草路面砖是各色多孔铺路产品中的一种,采用再生高密度聚乙烯制成,能减少暴雨径流,减少地表水污染,并能排走地面水。

(2)**环保墙材**:新开发的一种加气混凝土砌砖,可用木工工具切割成型,用一层薄沙浆砌筑,表面用特殊拉毛浆粉面,具有阻热蓄能效果。

(3)**环保墙饰**:草墙纸、麻墙纸、纱绸墙布等产品,具有保湿、驱虫、保健等多种功能。

(4)**环保管材**:塑料金属复合管,是替代金属管材的高科技产品,其内外两层均为高密度聚乙烯材料,中间为铝,兼有塑料与金属的优良性能,而且不生锈、无污染。

(5)**环保水性涂料**:这种涂料,除施工简便外,还有多种颜色,能给居室带来缤纷色彩,涂刷后会散发阵阵清香,可以重刷或用清洁剂进行处理,能抑制墙体内的霉菌。

中小学生环保实用知识手册

第七篇 创建绿色学校

一、"绿色学校"的概念

"绿色学校"是指在实现基本教育功能的基础上,以可持续发展思想为指导,在学校全面的日常管理工作中纳入有益于环境的管理措施,并持续不断地改进,充分利用学校内外的一切资源和机会全面提高师生环境素养的学校。

绿色学校不仅仅是绿化学校,更主张环境教育从课堂渗透扩展到全校整体性的教育和管理,鼓励师生民主公平地共同参与学校环境教育活动,加强学校与社区的合作和联系,在实践参与的过程中发展面向可持续发展的基本知识、技能、态度、情感、价值观和道德行为,即提高全体教职员工和学生的环境素养,落实环保行动。绿色学校是我国科教兴国和可持续发展基本战略的具体体现,是21世纪学校环境教育的新方法。

二、绿色学校的主要标志

学生确实掌握各种教材中有关环保内容;师生环境意识较强;积极参与面向社会的环境监督和宣传教育活动;校园整洁优美。

三、创建绿色学校的意义

创建绿色学校活动,不仅是学校实施素质教育的重要载体,而且是新形势下环境教育的一种有效方式。创建绿色学校是学校参与全社会环境保护与可持续发展行动的起点和标志,在可持续发展实践中具有重要意义。具体体现在:

1.对于师生　有助于加深师生对环境问题和可持续发展思想的认识和理解,提高师生环境素养,使其在今后的生活和工作中更加重视对环境的保护。

2.对于管理　可促进学校环境管理体系和相关档案资料的建立,提高环境教育教学和管理水平。

3.对于环境　可减少学校对环境的不良影响,可回收再生资源,营造优美环境,使校园环境更有利于师生身心健康。

4.对于学校与社会的联系　可促进学生、教师、学校、社区、政府、企事业单位和民间团体在学校环境教育和管理方面的合作。

5.对于教学　学校可以获得环境教育的指导、资料和信息,不断充实和提高素质教育水平。

6.社会影响　学校能提高自己在本地区的声誉和形象,有利于学校自身的发展。学校有机会获得较高的荣誉奖励,并能向当地、全国乃至国际介绍和交流自己的经验。

7.经济效益　学校通过节纸、节水、节电等节约和节能措施可提高资源利用率,减少事故隐患,明显地减少浪费,缩减学校财政开支,加强学校内部管理,绿色学校从本质上讲,是学校以面向可持续发展

的环境教育的思想为指导,不断完善自我管理、改进教育手段、降低教育投入、提高办学效率和效益的过程,从而也是学校不断解决自身可持续发展问题的过程。

四、创建绿色学校的原则

1.整体发展原则　学校在现有管理体系的基础上,不断保持和完善已有的环境教育工作,进一步推动学校在管理的各个领域,如行政管理、教务教学管理、思想品德管理,团队活动管理,后勤管理,融入环境保护与可持续发展的思想。在创建绿色学校的过程中,建议采用目前国际上推行和倡导的ISO14001环境管理体系的基本理念,即通过制订计划、采取措施、检查纠正和总结提高的管理模式,以及通过建立机构、组织培训、完善教学资源、建立档案、交流信息等环节,保证创建活动的顺利进行,科学、系统地推动创建绿色学校活动的开展,使创建绿色学校活动与现有的管理体系相协调,并通过有效地、持续不断地改进,为社会的可持续发展作出贡献。

2.共同参与原则　在创建绿色学校活动中,学校不仅要制订出相应的计划、指标及实施方案,而且明确各自的职责,校长、中层领导、全体教职员工以及学生根据自己的职责,共同参与创建绿色学校活动,推动创建活动的开展。同时鼓励家长、专家、社区、媒体、政府机构及人员的有效参与。

学校在对环保工作和环境教育活动进行决策和组织实施的过程中,应注重民主决策,充分听取各方意见,体现师生的有效参

中小学生环保　实用知识手册

与,特别是学生的参与。

3.循序渐进原则　绿色学校活动应当是一个长期保持并发展的过程。在创建"绿色学校"过程中,特别是环境建设和开展环境教育活动方面应依据本地本校的现实条件和基础,制定切实可行的措施,循序

渐进,逐步提高。没有哪一所学校可以作为绿色学校的绝对标准,任何学校都可以在自身的基础条件下,争取做到最好,在保持的过程中再不断改进。

4.灵活多样原则　由于我国地域辽阔,各地自然条件、经济条件和文化背景都存在显著差异,即使是同一地区的不同学校之间在经费、设施、师资、生源、资源和环境条件等方面也有所不同,因此学校必须认真分析自身的条件,有效地利用人力、物力和财力,扬长避短,因地制宜,突出特色,发挥师生智慧,充分体现活动和参与方式的多样性,积极推进"绿色学校"创建活动。

五、创建绿色学校的步骤

1.学校做出关于创建"绿色学校"决定　成立创建绿色学校领导机构,报告当地创建"绿色学校"活动主管机构,在校内外公布这一决定,以得到学生、家长、社区、媒体等的支持。

学校通过关于创建"绿色学校"的决定后,应形成学校正式文件,并成立创建绿色学校领导机构,如设立绿色学校领导小组,绿色学校领导小组负责人由校级领导担任;具体工作负责人(环保督导员)由学校绿色学校领导小组任命,具体负责协调、组织有关创建绿色学校的工作;成员包括学校各部门主要负责人,

对环境教育热心的教师代表、学生代表、家长代表、社区代表、环境教育或环境保护的专家等。

将以上内容形成文件，报告当地创建"绿色学校"活动主管机构（以下简称"主管机构"）登记备案。主管机构一般由环保局(厅)宣传教育部门和教育厅(局)的基础教育部门联合组成，负责协调、指导当地创建"绿色学校"活动的开展。它将为学校提供当地创建"绿色学校"活动的评定标准，以及其他相关资料。调查小组依据调查表进行逐一调查。

可以利用观察、问卷调查、采访、查阅档案文件等调查方法，同时利用拍照、录像、录音等技术手段进行调查，收集数据，保证调查数据的客观性、准确性。应吸收学生参加调查小组，让他们通过具体的工作，提高意识和锻炼能力。调查小组要客观面对调查获得的第一手数据。

然后，将调查数据资料汇总、分析，再经过讨论，明确目前存在的问题和解决问题的主要方向和途径，撰写学校环境和环境教育调查报告，递交"绿色学校"领导小组作为计划和决策的依据。

2.制定创建绿色学校计划

根据调查结果，创建绿色学校领导小组在保证人力、经费等方面切实可行的条件下，制订创建绿色学校的计划。

(1)加强环境教育课程渗透

环境教育由于自身具有跨学科、综合性与社会实际问题和

中小学生环保实用知识手册

学生个人生活联系紧密的特点,能够更有效地符合世界教育改革逐步走向综合性的发展趋势,能够为实现我国基础教育改革的目标要求提供有力的支持。我国的基础教育改革要求:"小学加强综合课程,初中以分科课程与综合课程相结合,高中以分科课程为主。"学校应参照教育部对基础教育改革的发展思路和教学大纲、课程标准的要求,将所有与环境教育有关的内容和要求摘选和集中,依据环境教育的原则、理论和方法,由学科教研负责人组织本学科任课教师编写本学科的渗透方案,教务部门应协调各学科教师就环境教育教学工作加强环境教育研究和课程观摩的交流,以加强环境教育教学在各学科知识、意识、技能、价值观、参与范畴的渗透。

我国环境教育课程改革将"综合实践活动"纳入必修课程。综合实践活动由研究性学习、劳动技术教育、社区服务、社会实践四部分组成,并突出其中的研究性学习。研究性学习每学期一个专题,纳入考核成绩,为环境教育的课程渗透提供了良好的发展空间,因此应充分发挥环境教育综合性和实践性的特点,利用中小学教学大纲中设立的综合实践课和研究性学习所提供的课程机会,拓展环境教育的空间和教育的形式,增加环境教育的实践内容,培养学生创新精神和实践能力。环境教育也为社区服务、社会实践提供了很好的方向和内容。

(2)拓展环境教育课外、校外和社区活动
创建"绿色学校"要求学生主动参与各种课外、校外和社区的

环保活动,参与学校周围和社区的环境改善,要求根据学生现有知识,设计以学生为中心,以生活为中心,以解决问题为导向的多种课外、校外和社区环境教育实践活动,促进学生环境道德和环保行为的养成。

(3)加强学校环境管理

实行节纸、节电、节水、垃圾减量及回收利用、绿色消费等有益于环境的行动和学校政策。减少污染物的产生,妥善处理污染物,使其符合水、大气、噪声、放射性等国家和地区的相关环保法规。保障师生安全、卫生和健康要求。

(4)绿化美化校园,以校园环境育人

学校应负责制订和实施全校的绿化、美化环境建设工作的措施和计划。体现环保的设计与宣传等,同时还要符合国家有关部门对健康、卫生和环保等的规定和要求、环境教育和"绿色学校"方面的计划、本地区的主要计划,并将重点工作分解为可量化的指标,以便于操作执行。

(5)创建绿色学校计划的内容

创建绿色学校计划应该包括以下几点:

a.计划制订的必要性;

自然保护区

中小学生环保实用知识手册

b.计划执行与相关人员的组成和分工；

c.经费预算及分配；

d.计划实施时间和工作进度安排，每项工作的具体目标要求；

e.检查或考核的方法和要求。

3.实施创建绿色学校计划

组织培训、充实所需的资料和设备、建立绿色学校档案等措施是实施创建绿色学校计划的基本保障，并为学校内部的自我评估和外部的评估验收提供依据。

(1)培训：环境教育的关键是教师

《全国环境保护宣传教育行动纲要》提出："定期举办中、小学校长、教导主任和教师的环保培训班，更新知识，提高教学水平"。教职员工是环境教育的推动者，教职员工的环境知识和能力直接涉及创建绿色学校的成效。因此，学校应积极为教职员工提供参加各种环境教育培训的机会。培训应该主要从三个方面进行：环境科学基础知识、环境教育的理论和教学方法、环境管理体系基本概念，而且对行政管理人员、任课教师、职工应该有所侧重。环境科学基础知识是行政管理人员、

中小学生环保 实用知识手册

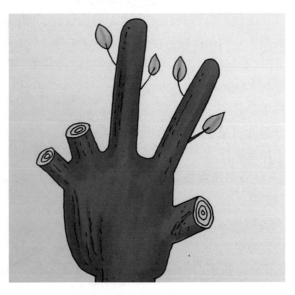

任课教师的基础内容,行政管理人员应侧重对环境管理体系基本概念和"绿色学校"理念的理解,任课教师还应侧重环境教育的理论和教学方法。一般职工应侧重具体环保观念和安全、卫生、健康、环保、园艺等技术操作的培训。培训层次分为全国、地区和本校培训的专题培训和教师继续教育两种。

(2)创建绿色学校所需要的资料及设备

学校要在力所能及的条件下筹集和划拨资金,充分利用和更新教学资料,包括有关环境类书籍、报纸、期刊、幻灯片、录像带、专题教学资料或教学资源库光盘、挂图、标本、计算机、实验仪器等教学设备和活动场地,保证创建"绿色学校"活动的开展。

(3)信息交流

将创建绿色学校的有关信息,如计划、行动方案及取得的经验等,通过通讯、简报、广播、电视、报纸杂志和互联网等不同的形式不断向学校内部和外部传播,并将学校外部的相关信息传达到校内。各级环保局应该通过文字材料、研讨交流、培训活动等各种形式向学校提供绿色学校、环境教育、环境保护的有关信息。学校可以通过互联网及时地获取和传播最新信息,内部包括:校长、中层领导、教职工、学生。外部包括:政府、媒体、社区、学生家长。

中小学生环保实用知识手册

（4）绿色学校档案

绿色学校档案是记录学校创建绿色学校过程的历史依据和见证,因此,绿色学校档案是学校内部和外部主管部门对学校创建绿色学校活动的评估依据。

绿色学校档案应包括以下内容:

a.创建绿色学校的决定、环境保护和环境教育教学活动计划等有关文件;

b.学校内部的环保规章制度等文件;

c.会议记录、大会发言稿、备忘录、有关主题活动实施报告、评估与总结;

d.各种环保和环境教育活动实况录象、图片、网页和多媒体内容;

e."绿色学校"相关新闻报道材料等;

f.教师有关环境教育的教案、多

媒体课件、调查报告、课题研究报告、科研论文、书籍等;

g.学生有关环保作品、宣传资料、广播稿、问卷调查表及竞赛试卷等;

h.环保和环境教育类图书资料的整理以及使用情况登记;

i.各种获奖证明和校园环境建设工程设施(如绿化、锅炉改造、厕所和食堂改造、新建校舍,铺设管线等)的主要资料;

j.用于"绿色学校"工作和活动的财务报告;

k.教师参加各级环境教育和绿色学校方面的培训记录和相关活动证明。

共爱一个家

4.自我检查与纠正

在实施创建绿色学校计划的过程中,根据制定的目标计划和工作进度安排,定期进行检查,发现问题及时予以纠正。在环保行动计划和环境教育计划完成后,计划负责人要向学校"绿色学校"领导小组提交计划实施的评估和考核报告。只有这样才能促进计划的有效完成和提高策划的水平。评估考核工作是不断循环的过程。"绿色学校"领导小组应是学校自我检查的主体。自我检查与纠正可以从各部门做起,整体的协调工作和监督落实工作由领导小组完成。

5.向当地主管机构申请验收

学校在总结和改进的基础上,按照本地区绿色学校评估标准进行自我评估。如果绿色学校领导小组的自评报告证明学校已经达到了本地绿色学校的评估标准,就可以向当地主管机构申请"绿色学校"的命名。各地主管机构通常设立在当地环保局宣教部门,主管机构成员通过教育厅(局)主管人员、环保局(厅)主管人员及环境科学和环境教育专家组成。获得地市级"绿色学校"命名的学校才有资格申报省(自治区)级"绿色学校"的命名。获得省(自治区)级"绿色学校"命名的学校才有资格申报国家级的表彰。检查验收情况为主要依据,保证绿色学校评估的客观性。

六、创建绿色学校注意事项

1.绿色学校基础数据要完整

在绿色学校创建工作中,绿色学校基础数据直接影响省(自治区)级绿色学校的名额计算的准确性,同时影响有效的规划,因此收

中小学生环保实用知识手册

集和整理绿色学校的基础数据非常重要。

2.信息沟通要畅通

绿色学校主管部门和学校之间有关绿色学校的信息沟通和交流是提高创建和评估绿色学校质量的重要环节,因此要采取可行的方法进行信息沟通非常有必要。

3.要按时对绿色学校进行复查

各主管部门按照要求,要对辖区内的学校进行调研和检查,及时获取第一手信息。

4.绿色学校不等于绿化学校

在申报和评估工作中经常出现混淆绿化学校和绿色学校的情况。绿化只是"绿色学校"创建要求中的一个方面而已,绿色学校的核心评估标准包括10条,不可缺少的是环境教育、环境管理、绿色校园、绿色生活的基本内容,因此绿色学校不能等同于绿化学校。

绿色学校领导小组成员及职责

小组职务	姓名	单位职务	小组内职责	小组内分管工作
组长				
副组长				
成员				

中小学生环保

实用知识手册

学校环保规定及主题活动实施情况

环保主题活动实施情况				环保规定及奖惩措施		
时间	活动主题	参加人员	结果	时间	环保规定	奖惩措施

学校污染源的识别、控制和治理情况

时间	污染源位置	污染物名称	污染原因分析	控制措施	治理情况	责任人

中小学生环保

实用知识手册

教师在课堂领域进行环保教育情况

时间	教师	科目	主题	方式	实施情况	效果

中小学生环保 实用知识手册

学生环保社会实践情况

时间	地点	活动主题	活动内容	参加对象	指导老师	收获

中小学生环保　实用知识手册

学校环保工作在家庭和社区产生的影响

时间	环保工作主题	宣传方式	在家庭影响	在社区影响	备注

第八篇 学生环保知识综合试题

一、填充题

　　1.环境是围绕着人群的空间及其中可以直接、间接影响人类生活和发展的各种自然因素的总体,它可分为<u>自然环境</u>和<u>社会环境</u>。

　　2.<u>世界环境日</u>为每年的<u>6月5日</u>,世界地球日是每年的<u>4月22日</u>。

　　3.中华人民共和国环境保护法颁布于<u>1989年</u>。中国土地日为每年的<u>6月25日</u>。

　　4.无污染能源主要有<u>太阳能</u>、海洋能、<u>风能</u>、地热能、<u>水能</u>。

　　5.地球的周围有 4 个圈层,最外层称为<u>大气圈</u>,以内为<u>水圈</u>、土壤岩石圈、<u>生物圈</u>。

　　6.地球是个水球,地球表面有 <u>70%</u> 的地方

被水覆盖,但可供生产和生活利用的淡水仅占地球总水量的3%。

7.根据空气密度与高度的关系把大气分为对流层、平流层、中间层、热气层(热层)、外大气层(外层或散逸层)。

8.当今世界人们面临的五大问题是:人口、粮食、能源、资源和环境。其中,人口膨胀、资源短缺、环境恶化是当代人类面临的三大难题。

9.海洋、大气和陆地三者及相互作用从根本上决定了地球的生态系统。

10.温室效应带来的主要影响是气候变化、海平面上升和生态变化。

11.按环境要素分,环境污染包括大气污染、水体污染和土壤污染。

12.土壤变成沙漠的主要原因是人类的活动和气候的变化。

13.沙暴形成的条件是强风、沙源、不稳定大气。

14.废弃塑料在自然界中自行降解大概要100~300年的时间。

15.废塑料对环境主要有两种危害,即"视觉污染"和"潜在危害","潜在危害"指的是:(1)废旧塑料混在土壤中影响农作物吸收养分和水分,导致农作物减产;(2)废旧塑料易被动物当作食物吞食导致动物死亡;(3)混入生活垃圾中的废塑料很难处理、回收、不易分解。

16.被誉为"活化石"的中国树种有银杉、银杏、珙桐、香果树等。

17.城市垃圾在不完全燃烧时能产生一种致癌物,因此不应随意露天焚烧垃圾,这种致癌物是<u>二恶英</u>。

18.人们能够免受太阳紫外线的伤害,是由于它大部分被大气的<u>臭氧</u>成分吸收了。

19.臭氧层离地面有<u>20~30</u>千米。臭氧层减少并出现空洞主要原因是<u>氟利昂</u>使用量不断增加。

20.汽车尾气中有150~200多种有害气体,主要有<u>一氧化碳</u>、<u>碳氢化合物</u>等。

21.<u>水体</u>是江河湖海、地下水、冰川的总称,水体污染是指造成水体污染的污染物的发生源,按污染的来源可分为天然污染源和人为污染源,人为污染源主要有:<u>工业污染源</u>、<u>生活污染源</u>和<u>农业污染源</u>。

22.大量氮、磷等植物营养素进入水体以后,营养物过剩,如果是一种红色的海洋浮游生物过度繁殖,就会形成<u>赤潮</u>;如果出现藻类大量繁殖、水质恶化、水生物死亡现象就称为<u>富营养化</u>。

23.<u>汞</u>、<u>镉</u>、<u>铬</u>、<u>铅</u>、<u>砷</u>是一类污染物,对人体危害很大,被称为"五毒",这些污染物随废水进入水体后,被浮游生物吸收,小鱼吃

中小学生环保实用知识手册

浮生物,大鱼又吃小鱼,人又吃污染后的鱼类,污染物会逐渐聚集到人体内,我们称这样的关系为<u>食物链污染</u>。

24.国际上一般将光污染分为3类:建筑物表面反射阳光光线的<u>白亮污染</u>,夜间广告灯、霓虹灯、路灯的<u>人工白昼污染</u>,室内娱乐场所各种彩色光源产生的<u>彩光污染</u>。

25.宇航员在宇宙空间看到的地球主要是<u>蓝色</u>。

26.现代家庭居室中存在的污染有:<u>人体污染</u>、<u>建筑材料污染</u>、<u>家电污染</u>、<u>厨房污染</u>和<u>杀虫剂污染</u>。其中<u>厨房污染</u>最为严重。

27.<u>厄尔尼诺现象</u>给全球带来高温干旱等灾难,<u>拉尼娜现象</u>给全球带来低温洪涝。

28.我国绿色食品标志由<u>太阳</u>、<u>叶片</u>和<u>蓓蕾</u>三部分组成。

29.<u>濒危</u>意味着仅存少量,采取措施还有挽救的希望;<u>灭绝</u>意味着永远消失,不可能再有。

30.树木和花草具有多种净化功能,可以保持大气中<u>氧</u>和<u>二氧化碳</u>的平衡,降低大气中有害气体的浓度,减少空气中的灰尘和细菌;阻隔放射性物质,并能减弱噪声。

31.天生的"捕鼠能手"和享有"森林医生"美称的鸟分别是

猫头鹰和啄木鸟。

32.我国重点治理的"三河"是指淮河、海河和辽河;重点治理的"三湖"是指太湖、滇池、巢湖。

二、选择题

1.世界上第一部环境保护法是(C)制定的《田律》。这份禁令规定,不但保护森林植物,还保护水道不得堵塞。

　A.唐朝　　　　B.明朝　　C.秦朝

2.联合国于(A)年发表了《人类环境宣言》。

A.1972　　B.1973　　C.1974

3.我国确立(C)为一项基本国策。

A.民族团结　　B.扶贫　　C.环境保护

4.21世纪是(C)世纪。

A.科技　　　　B.经济　　C.环保

5.2002年"六五"世界环境日主题是(C)。

A.为了地球上的生命

B.世间万物生命之网

C.让地球充满生机

6.全国统一的环境问题举报免费热线电话是(C)。

A.12315　　B.148

C.12369

7.当前人类社会面临六方面的严重环境问题之一:(B)。

A.生态环境恶化问题

啊!地球出汗了

中小学生环保　实用知识手册

B.生态环境恶化与新资源开发带来的环境问题

C.新资源开发问题

8.因环境因素而导致的环境变化是指(A)。

A.环境影响　　　B.环境改善　　　C.环境改造

9.下列哪项不属于环境污染?(B)

A.生活污染　　　B.食品污染　　　C.土壤污染

10.沙暴的形成条件:(C)。

A.沙源、风暴

B.强风、沙源

C.强风、沙源、不稳定大气

11.环境污染严重影响(C)。

A.成人智力

B.老年人智力　　　C.儿童智力

12.噪声是高血压的祸根。我们常说的噪声污染是指声音响度在(B)。

A.90分贝以上　　　B.80分贝以上　　　C.50分贝以上

13.在大气污染物中,对植物危害较大的是(B)。

A.一氧化碳和二氧化硫　　　B.二氧化硫和氟化物

C.一氧化碳和氟化物

14.目前大气中硫和氮的化合物大部分是人类活动造成的,酸雨在国外被称为"空中死神"。测定是否为酸雨之一是pH值。请问pH值达到什么样的指标就是酸雨?(B)

A.pH值高于5.6　　　B.pH值低于5.6　　　C.pH值低于7

15.下面哪例电子产品不构成电磁辐射?(C)

A.微波炉、电磁炉　　　B.手机、电脑主机、电视机

C.随身听、卡拉OK和电冰箱

中小学生环保

实用知识手册

16.(C)会给人类生存带来一系列危害,例如导致水土流失、导致大气条件恶化、导致物种减少。

　　A.垃圾清洁处理　　B.植树造林　　C.滥砍乱伐森林

17.减少白色污染我们应该(A)。

　　A.自觉地不用、少用难降解的塑料包装袋

　　B.乱扔塑料垃圾

　　C.尽量使用塑料制品

18.一节一号电池能使1平方米的土地永远失去利用价值,一粒钮扣式电池可污染(C)。

　　A.1立方米水　　B.1000立方米水　　C.600立方米水

19.下列哪一项是可以分类回收、循环再生的垃圾?(B)

　　A.回收废塑料　　B.回收废纸　　C.回收生活垃圾

20.“酸雨”现象属于大气污染。我国酸雨面积区占国土面积的(B)。

　　A.20%　　　　B.40%　　　　C.30%

21.“城市热岛效应”形成的主要原因是由于城市中(A)。

　　A.人和建筑物多

　　B.公园和草地多

　　C.白天和黑夜多

22.中国野生动物保护协会的会徽带有(B)。

　　A.丹顶鹤　　B.大熊猫　　C.骆驼

23.在我国已灭绝的10种野生动物

中,新疆占了3种,它们是野马、高鼻羚羊和(A)。

    A.新疆虎   B.新疆北鲵   C.斑林狸

    24.一只燕子仅一个夏季就能捕捉(C)只苍蝇、蚊子,对控制疾病有重要作用。

    A.80万   B.100万   C.120万

    25.(C)被誉为"三个一千年"是指:生而不死一千年,死而不倒一千年,倒而不朽一千年。

    A.大叶榆

    B.白杨林

    C.胡杨林

    26.(B)是西部大开发的主要任务和基本保障。

    A.民族团结和环境保护   B.生态建设和环境保护

    C.生态建设和民族团结

    27.我国面积最大的自然保护区是(C)。

    A.喀纳斯湖保护区   B.天池保护区

    C.阿尔金山保护区

    28.什么是环境标志?(C)

    A."自然与人"标志   B.环保标志

    C.绿色标志、生态标志

    29.世界文化景观在中国的(B)。

    A.黄山   B.庐山   C.华山

    30.清洁能源有哪些?(B)

    A.核能、太阳能、地热能

中小学生环保实用知识手册

B.生物能、太阳能和地热能

C.太阳能、潮汐能、生物能

31.饮用水的感官性状应该是(B)和透明度良好。

A.无色、无味

B.无色、无臭、无异味

C.无色透明

32.森林有哪三种效益?(A)

A.环境、社会、经济

B.环境、自然、经济

C.社会、自然、经济

33.国家重点保护野生植物分(A)。

A.一、二两级

B.重点非重点两级

C.一、二、三级

34.选择无磷洗衣粉(B)。

A.保护衣物

B.防止污染

C.保护双手

珙桐

35.使用复印机时,复印机带高电压的部件与空气进行化学反应产生的臭氧(B)。

A.对人体没有影响　　B.对人体健康有害　　C.对人体健康有益

36.绿色食品指什么食品?(C)

A.蔬菜,水果　　　　B.绿颜色的食品　　　C.安全无污染食品

37.随着绿色消费运动的发展,全球已逐渐形成一种(B)的生活风尚。

A.追求时尚,破坏环境

中小学生环保实用知识手册

B.保护环境,崇尚自然

C.保护环境,盲目消费

38.下列学生的课外活动,属于"绿色活动"的是(A)。

A.废物利用活动

B.校园野餐活动

C.校园绘画活动

中小学生环保实用知识手册

三、问答题

1.环境监测的对象有哪五种?

答:大气、水体、土壤、生物、噪声。

2.一般我们将污染源分为哪三类?

答:工业污染源、农业污染源、生活污染源三类。

3.工业"三废"和生活"三废"各指什么?

答:工业"三废"是指废气、废水、废渣;生活"三废"是指粪便、垃圾、污水。

4.水体被污染的途径有哪些?(至少答3种以上)

答:城市污水,工业废水,含有农药、化肥、有机物的农田,大气沉降物,放射性散落物,酸雨等。

5.现代化的废水处理方法有哪三种?

答:物理处理法、化学处理法、生物处理法。

6.发生赤潮为什么会有大量的鱼虾死亡?

答:因为海水中大量的浮游生物漂浮在海面上,不仅会消耗完水里的氧气,而且还阻止空气中的氧气进入水体,再加上赤潮生物会分泌出黏液,黏在鱼、虾、贝等生物的鳃上,妨碍呼吸,导致窒息死亡。

7.赤潮如何对人产生伤害?

答:人类食用赤潮污染过的鱼和贝类会导致中毒,严重者甚至死亡。

8.酸雨会导致湖泊产生什么不良后果?

答:酸雨能使湖泊酸化,导致湖中生物逐渐死亡,生态系统活动被破坏,最后变成死湖。

9.一氧化碳是有害物质,空气中的一氧化碳百分之多少来自汽车尾气? 主要是什么原因?

答:80%,主要是汽油燃烧不完全的原因,越是交通高峰期,汽车跑不起来,走走停停,产生的一氧化碳就越多。

10.洪灾导致水环境严重污染,容易发生哪些典型的流行病?

答:疟疾、霍乱、伤寒。

11.对绿色植物损伤最大的五种气体是什么?

答:氧化氮、乙烯、氯气、氟化物和二氧化硫。

12.过多的紫外线伤害会导致什么疾病发病率最高?

答:角膜炎、白内障。

13.我国土壤污染物主要是什么?

答:农药和重金属(尤其是镉)。

14.环境噪音主要来源于哪四个方面？噪声有哪些危害？

答：主要来源于：交通、工业生产、建筑工业、社会生活。噪声对人的听觉器官、神经系统、心血管和消化系统都会产生危害。

15.食品污染按其污染性质大致可分为哪两类？

答：(1)生物污染；(2)化学性污染。

16.通过污染食品对人体造成危害的农药主要有哪些？

答：(1)有机氯农药；(2)有机磷农药；(3)有机汞农药。

17.过多食用色素，会危害身体健康。生活中的色素一般用在什么地方？

答：用于冰淇淋、糕点、清凉饮料、鱼干、果酱等食品。

18.什么是绿色食品？

答：绿色食品是指经过中国绿色食品发展中心认定许可使用绿色食品标志的无污染、安全、优质的营养食品。

19.家用电器主要有哪些污染？

答：家庭影音系统音量过高会产生噪声；空调房内空气不流通或温度过低，我们就容易被病毒感染而生病；手机、电磁炉和微波炉等可产生电

中小学生环保实用知识手册

82

磁辐射。

20.过多使用清洁剂,会带来什么危害?

答:A.残留在衣服上的清洁剂,会刺激皮肤,严重者导致皮肤病,残留于餐具或果蔬表面的清洁剂会进入我们体内,损害健康;B.大量含有清洁剂的污水排入江河,污染环境,危及水生生物。

21.吸烟危害健康,你知道香烟中含哪种主要致癌物质和放射性物质吗?

答:尼古丁,钋-210。

22.垃圾有什么危害?

答:污染土壤、地下水、大气等,影响城市环境和居民生活条件。

23.广义的自然保护区包括哪三种?

答:国家公园、自然公园、野生动物禁猎区等。

24.为什么要保护鲨鱼?

答:鲨鱼在海洋生态中的地位举足轻重,在海洋食物链上位于顶点位置。对鲨鱼的过度捕捞,会使一些弱小鱼类大量繁殖,消耗有限的食物,从而会破坏整个海洋生态平衡。

中小学生环保实用知识手册

25.餐厅、饭店使用一次性筷子、塑料餐具有什么利弊?

答:利:卫生,不易传染各种疾病。弊:塑料餐具不易处理,造成白色污染。一次性筷子浪费大量木材,长此以往,将会破坏森林,破坏生态环境。结论:弊大于利,应停止使用。

26.用废纸生产再生纸,有什么好处?

答:(1)不用砍伐森林,可节约木材;(2)省去原木加工处理程序,节约投资和减少废水排放;(3)减少水、电、煤的消耗,节约能源;(4)减少垃圾、节约土地使用。

四、思考题

1.水污染对人类有哪些危害?

2.大气污染的防治方法有哪些?

3.垃圾对环境会造成哪些危害?

4.谈谈你周围有哪些污染环境的现象。日常生活中,你为保护环境做了什么?

绿色环保从身边做起

第九篇 环境保护标语

一、校园环保标语

1. 创绿色学校，建环保校园。

2. 营造绿色校园，争做环保使者。

3. 环保意识进校园，绿色校园人人创。

4. 倡导绿色文明，拓展人文素质。

5. 提高自身素质，共创绿色校园。

6. 用手托起一片绿茵，用心谱写人文风景。

7. 情牵绿色，梦绕和谐。

8. 让青春和绿色一起飞扬。

9. 倡节约环保新风，树文明消费理念。

10. 携手绿色奥运，共建和谐校园。

11. 建设特色校园文化，营造优雅育人环境。

12. 保护环境，爱我校园。

中小学生环保 实用知识手册

13.学校是我家,环保靠大家。

14.创建和谐校园,营造绿色环境。

15.分享绿色,亮出你绿色的心情。

16.你我共同参与,共创绿色校园。

17.净化校园,美化校园,绿化校园。

18.让我们共同行动,还校园碧水蓝天。

二、社会环保标语

1.保护环境,人人有责。

2.人类只有一个可生息的村庄——地球。

3.地球是我家,绿化靠大家。

4.善待地球就是善待自己。

5.树木拥有绿色,地球才有脉搏。

6.没有地球的健康,就没有人类的健康。

7.与自然重建和谐,与地球重修旧好。

8.让小树和我们一起快乐成长!

中小学生环保 实用知识手册

9.请爱护花草树木吧,它将还你绿色的生命!

10.为了你我的健康,请爱护树木。

11.手下留情,脚下留青。

12.你轻轻地走过,不带走一片绿叶。

13.一花一草皆生命,一枝一叶总是情。

14.小草对您微微笑,请您把路绕一绕。

15.小脚不乱跑,小草微微笑。

16.保护树木就是保护自己。

17.森林是氧气制造的工厂。

18.绕行三五步,留得芳草绿。

19.树木正在为净化空气而加班加点,请勿让绿色工厂倒闭。

20.人类有了绿树、鲜花和小草,生活才会更美丽。

中小学生环保

实用知识手册

87

21.绿色是生命的象征，绿色是现代文明的标志。

22.保护环境光荣，破坏环境可耻。

23.环保你我他，爱护环境靠大家。

24.追求绿色时尚，拥抱绿色生活。

25.让天蓝起来，让地绿起来，让水清起来。

26.有限的资源，无限的循环。

27.人人节约资源，个个爱护环境。

28.细微之处见功德，举手之间显文明。